新工科建设·人工智能与智能科学系列

U0150115

虚拟现实系统及开发基础

VIRTUAL
REALITY

魏秉铎 ◎ 主编

电子工业出版社
Publishing House of Electronics Industry
北京·BEIJING

内 容 简 介

本书力求与时俱进，将最新、最具代表性的虚拟现实系统及开发相关知识整理出来，从实践与应用的角度出发，在阐述虚拟现实技术特点、理论知识的基础上，介绍虚拟现实系统开发的实践方法及案例，使读者能够在较短时间内认识和掌握虚拟现实系统开发的相关技术，并具备开发具有沉浸、交互、引发人构想的虚拟现实系统的能力。本书共 10 章，内容包括虚拟现实概述、虚拟现实的感知过程、虚拟现实系统、用户界面与人机交互、输入系统及运动跟踪、输出系统、虚拟现实系统开发环境和开发流程、网络虚拟现实系统、增强现实。

本书可作为高等院校计算机科学与技术、软件工程、人工智能、数字媒体等专业虚拟现实技术课程的教材，也可供从事虚拟现实技术行业的工程技术人员及爱好者参考。

图书在版编目（CIP）数据

虚拟现实系统及开发基础 / 魏秉铎主编. —北京：电子工业出版社，2020.12
ISBN 978-7-121-40322-4

Ⅰ. ①虚… Ⅱ. ①魏… Ⅲ. ①虚拟现实—程序设计—高等学校—教材 Ⅳ. ①TP391.98

中国版本图书馆 CIP 数据核字（2020）第 263173 号

责任编辑：章海涛
文字编辑：张　鑫
印　　刷：涿州市般润文化传播有限公司
装　　订：涿州市般润文化传播有限公司
出版发行：电子工业出版社
　　　　　北京市海淀区万寿路 173 信箱　邮编　100036
开　　本：720×1 000　1/16　印张：12.5　字数：226 千字
版　　次：2020 年 12 月第 1 版
印　　次：2021 年 11 月第 2 次印刷
定　　价：49.00 元

凡所购买电子工业出版社图书有缺损问题，请向购买书店调换。若书店售缺，请与本社发行部联系，联系及邮购电话：（010）88254888，88258888。

质量投诉请发邮件至 zlts@phei.com.cn，盗版侵权举报请发邮件至 dbqq@phei.com.cn。

本书咨询联系方式：zhangxinbook@126.com。

虚拟现实（Virtual Reality，VR）是目前最热门的技术之一，也是 21 世纪重要的发展学科及影响人们生活的重要技术。鉴于此，很多高等院校在计算机科学与技术、软件工程、人工智能、数字媒体等专业开设了虚拟现实技术相关课程；2020 年，教育部新增审批本科专业名单中就包含"虚拟现实技术专业"。同时，社会上也需要大量的虚拟现实系统开发人员。本书正是为了有一定计算机基础的读者而编写的，是一本虚拟现实系统开发快速入门的图书，也能满足高等院校虚拟现实相关课程的教学需要。

本书作者从 2007 年开始就在重庆邮电大学计算机科学与技术学院从事虚拟现实课程的教学工作，参与了大量的系统开发实践，十几年来一直在做虚拟现实技术与应用的相关研究。目前，市面上的大部分图书是以翻译国外的研发过程和基础概念性教材为主的，其中有部分书籍发表的年代相对较早。在经历了 2016 年"虚拟现实元年"的爆发之后，虚拟现实系统应用与开发进入了一个相对较为平静的发展时期，虚拟现实技术飞速发展，新方法、新的人机交互设备不断涌现，各种软件开发工具包层出不穷，虚拟现实系统开发的许多新思维、新方法和新例证引领着虚拟现实系统开发领域的不断变革。

本书编写的目的是为读者提供一本既基础、全面，又紧跟时代需求，还能满足最新虚拟现实系统开发入门需求的图书。本书简明扼要地介绍了虚拟现实系统开发的核心框架，帮助读者快速了解虚拟现实系统，掌握虚拟现实系统开发的基本思维和方法；结合实践和理论的相关知识，深入浅出地介绍了虚拟现实的概念、感知循环和人机交互过程；通过实例介绍了虚拟现实系统开发环境的搭建及漫游系统的开发过程。

本书共 10 章。第 1 章主要介绍虚拟现实的核心内容，包括虚拟环境和虚拟现实的概念及其发展演变的过程，虚拟现实系统区别于其他类似多媒体技术的主要特征；着重探讨沉浸感、交互性、构想性及虚拟现实系统应具有的共性和结构。第 2 章主要探讨人类最重要的感官的行为和生理特征，以便更好地理解运行虚拟现实系统的约束条件。第 3 章主要介绍主流虚拟现实系统及常用组件。第 4～6 章着重介绍虚拟现实系统的交互输入与输出循环中的主要方法及原理。第 7 章主要介绍现阶段虚拟现实系统开发所需具备的网络及软硬件环境，探讨 5G 技术对虚拟现实技术的影响，并着重介绍虚拟现实系统开发的主要工具，探讨在相对简单的硬件和网络环境下如何开始虚拟现实系统的开发工作。第 8 章是本书的重点内容，通过一个虚拟现实漫游系统开发实例介绍虚拟现实系统的开发流程，包括分工、原则、环境搭建、创建场景、输入/输出操作、基本的物理碰撞、用户界面显示和逻辑处理等，模拟了实际的系统开发、场景建设、发布调试的过程；还介绍了虚拟现实系统的主要应用类型及应用领域。第 9 章介绍了网络虚拟现实系统。第 10 章是扩展章节，介绍了从虚拟现实延展的增强现实系统的开发及未来可穿戴计算的发展方向。

本书可作为高等院校计算机科学与技术、软件工程、人工智能、数字媒体等专业虚拟现实技术课程的教材，也可供从事虚拟现实技术行业的工程技术人员及爱好者参考。

本书受到重庆邮电大学出版基金资助，是在重庆邮电大学计算机科学与技术学院的支持下完成的。从事空间数据研究的夏英教授与从事图形学研究的秦红星教授给出了非常重要的指导，北京中关村 VR 产业协会与深圳多媒体行业协会给予了实践案例与应用系统的支持，视景等虚拟现实相关企业提供了系统环境及系统开发的重要内容，电子工业出版社的领导和编辑为本书的出版付出了辛勤的劳动，在此一并表示诚挚的谢意！

Greengard Samuel 著的 *Virtual Reality* 一书及 Stanislav Stankovic 著的 *Virtual Reality and Virtual Environments in 10 Lectures* 一书对作者完成本书起到了非常重要的参考作用。另外，本书还引用了大量资料，在此向所有相关图书及文献的作者致以衷心的感谢！

由于作者水平有限，加之编写时间仓促，本书错误与疏漏之处在所难免，敬请读者批评指正。

作者

2020 年 10 月

目 录

第1章 虚拟现实概述

本章主要介绍虚拟现实的核心内容，包括虚拟环境、虚拟现实的概念和发展演变的过程，以及虚拟现实技术区别于其他类似的多媒体技术（如 3D 视频技术）的主要特征。本章首先着重探讨沉浸和互动这两个构成虚拟现实系统的基础特征，以及在对虚拟现实基础认知的基础上人的构想这一延展特性；然后，介绍结合虚拟现实发展的应用和需求演变所演化出的虚拟现实系统的类型及多种应用；最后，探讨虚拟现实系统应具有的共性和结构。

1.1 什么是虚拟现实

虚拟现实（Virtual Reality，VR）是 20 世纪发展起来的一项全新技术。虚拟现实最早由美国乔·拉尼尔在 20 世纪 80 年代初提出，是集计算机技术、传感器技术、人类心理学及生理学于一体的综合技术。随着社会生产力和科学技术的不断发展，各行各业对虚拟现实的需求日益旺盛。虚拟现实取得了巨大进步，并逐渐成为一个新的科学技术领域。

在开始了解虚拟现实之前，开发人员会面对很多的问题。例如，虚拟现实是否总是在一个三维渲染的环境下进行开发？虚拟现实是否需要特殊的装置（如力反馈手套和运动跟踪套装）来实现交互？基于文本的虚拟社区是否属于虚拟环境（如早期的文字互联网游戏 MUD）？大型多人在线（MMO）游戏是否属于虚拟现实体验？3D 电影是否属于虚拟现实体验？虚拟现实系统应具备哪些基本特征？

要回答以上这些问题，需要先思考一个看起来和虚拟现实系统开发毫不相关的问题，也是一个现实本身问题，即什么是"虚"？什么是"实"？这个问题自人类意识诞生以来就一直伴随着人类，在 2500 年前，这个问题就被明确提出来了。例如，中国著名的哲学家庄子在其著作《庄子·齐物论》中写道："昔者庄周梦为胡蝶[①]，栩栩然胡蝶也，自喻适志与！不知周也。俄然觉，则蘧蘧然周也。不知周

---

① 蝴蝶。

之梦为胡蝶与，胡蝶之梦为周与？周与胡蝶，则必有分矣。此之谓物化。"

庄周梦蝶，以梦的虚幻及人与蝴蝶之间相互幻化给人留下无限想象和思考的空间。庄周借梦抒发了对自由生活的向往和精神家园的希冀，在庄周梦蝶的虚实之变中，流露出庄周真实世界中的"有待之悲"、虚幻世界中的"无待之美"，以及梦醒之后的"彻悟之真"。

在哲学的探讨上，虚与实是对立且统一的，而虚拟现实技术更关注技术的实现手段、方法及过程。在虚拟现实概念的发展过程中，同样经历了一系列的变化。在探索过程中，人们开始形成与虚拟环境相关的以下几个概念：

- 人工现实（Artificial Reality）；
- 虚拟现实（灵境）（Virtual Reality）；
- 虚拟环境（Virtual Environment）；
- 网络空间（Cyber Space）。

以上这些可以理解为对虚拟现实技术的不同称呼，其中以虚拟现实一词影响最广。

通常认为虚拟现实的定义是，通过各种技术虚拟出本来没有的事物和环境，让用户感觉到就如真实的一样。这个概念相对比较宽泛，也带来了一些理解上的分歧。因此，在进一步定义了虚拟现实的细节和技术过程后，其有了一个新定义：虚拟现实是一种逼真的视觉、听觉、触觉一体化的计算机生成环境，用户可以借助必要的装备以自然的方式与虚拟环境中的物体进行交互作用并产生相互影响，从而获得亲临等同真实环境的感受和体验。新定义更着重于虚拟现实的实现过程及组成。如图 1.1 所示，利用虚拟现实让用户进入虚拟世界，从而把用户和真实世界隔离开，让用户分不清楚真实和虚拟之间的差异。

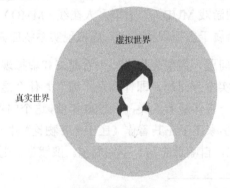

图 1.1　虚拟现实

1.2　虚拟现实发展历史

虚拟现实和虚拟现实系统的发展历史较短，是一个相对新的领域。然而，虚拟现实的出现却是一个很长的成长链的一部分，这个成长链包括视觉艺术的发展及产生虚拟现实体验所需的计算机技术的发展。

1.2.1　人的认知特征

由于对人脑和人的感知系统特性有着深入了解和模拟，虚拟现实系统得以通过特定的沉浸与交互的循环，为人的认知和互动创造了一个全新的领域。虚拟现实的目的是在一个虚拟世界即一个不同于用户所处的真实世界的环境中，创造用户存在的感受。

人类思维的一个有趣的特点是能够无视来自自身感官的输入，并且在大脑的思维系统中衍生出一些不存在的空间。这种能力的一个典型表现就是"白日梦"。很多人都有过类似"白日梦"的体验，同时，人类的思维具有象征性思维的能力，这种能力是人类能够进行艺术创造的主要原因之一。

人类最主要的感知系统是视觉系统，通过分析环境中物体表面反射的光的特性来运作。在这个过程中，人其实没有直接体验三维世界，看到的只是光线在眼睛视网膜上形成的二维表面投影。因此，人类的视觉是比较容易受到欺骗的，通过引入一个三维物体的人工二维透视表示就能够实现。换句话说，通过模拟人的视网膜成像过程，就能让视觉系统认为自己接触到的就是真实三维世界。同样的逻辑也适用于人的其他感官。

利用人类思维和感官特征的结合，虚拟现实系统能够为用户提供深入的沉浸体验和无限的交互空间。

1.2.2　沉浸感起源

沉浸感是虚拟环境的第一个重要特性，但沉浸感不是虚拟现实系统所独有的。早在旧石器时代晚期，人类就开始创造让人产生沉浸感和带入感的艺术作品。西班牙和澳大利亚最古老的视觉艺术可以追溯到公元前 4 万多年。根据放射性碳年代测定数据，在西班牙北部阿尔塔米拉洞窟发现的最古老的动物写实壁画（如图 1.2 所示）至少有 18500 年的历史。

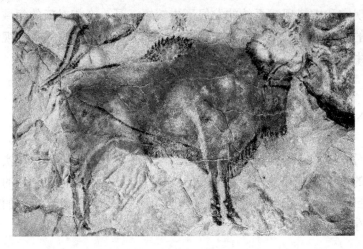

图 1.2 阿尔塔米拉洞窟壁画

另外，还有一些特别的沉浸感，例如，古人类开始尝试感受迷幻的体验。在某些记录中，中亚和西伯利亚就有人开始使用能致幻的蘑菇来产生一种迷幻的体验。

讲"故事"，也是让人实现沉浸体验的一种行为。通过叙事实现沉浸体验从语言的出现就开始了。戏剧表演是一种特定的"讲故事"，戏剧至少可以追溯到公元前 2000 年，宗教情景剧可以追溯到古埃及奥西里斯的故事。西方古典戏剧始于公元前 6 世纪的古希腊。世界上许多文化都有自己独立的戏剧表演传统，如公元前 2 世纪的印度梵语剧，公元前 15 世纪的中国商代开始及演化到现代的京剧、川剧、越剧等地方戏剧，以及非洲约鲁巴蒙面表演或中美洲和火地岛等的传统表演。这些戏剧都是通过叙事让人沉浸于一种行为，通过语言和表演把人带入不同的故事情节中。

1.2.3 视觉艺术中的真实感

即使是最早的古代人类洞窟壁画的案例，在描绘动物形象方面也尽可能地表现出了高度的真实感。视觉艺术中的真实感在古希腊罗马古典艺术中不断发展并达到新的高度。直到意大利文艺复兴时期人们最终理解了透视原理之后，才能在视觉上开始表现立体环境，特别是描绘景物的深度。随着这一发现和新绘画技术的发展，立体视觉艺术中的真实感开始逐步发展并达到了顶峰。

错视画派（Trompe-L'oeil）将建筑元素与绘画风景结合在一起来产生视觉立体幻觉。1472 年，拉斐尔的朋友、米开朗基罗的对手布拉曼特（Donato Bramante，约 1444—1514），文艺复兴盛期意大利最杰出的建筑家，需要为城市建造一座新教堂。但他的设计恰好被当时繁华市巷的有限空间所阻碍，如图 1.3 所示，教堂祭坛后的空间非常狭窄。布拉曼特利用光学视觉原理创造出了一个"完整"的教堂，利用教堂光线让人错以为步入了深邃的殿堂。虽然这样的错觉在人们靠近祭坛后会立即消失，但是人们一旦远离，错觉就会再现。其实，这个看似深 9 米的虚拟空间实际上只是由深 95 厘米的空间创造出来的。

图 1.3　错视画派示例

1.2.4　摄影及动态图像的发展

在古希腊和古代中国，人们就已经知道摄影的基本原理。文艺复兴时期，暗箱照相机被用作绘画辅助工具。暗室是一个黑暗的密封室，有一个小的开口作为光源入口。如果开口足够小，它将开始作为镜头工作，在腔室的另一面内壁上会显示外部场景的倒投影。在结构和操作上，这些设备遵循与人眼和后来真正的照相机相同的原理。

第一次有记录的照相机图像可以追溯到 18 世纪末的托马斯·韦奇伍德在英

国的作品。现存最古老的照片是由法国发明家约瑟夫·尼斯（Joseph Nice）于
1826 年或 1827 年拍摄的。约瑟夫·尼斯使用的照相机如图 1.4 所示。

图 1.4　约瑟夫·尼斯使用的照相机

　　人们在发现了永久保存静态图像的方法后，接下来的目标就是保存连续运
动的图像。中国古代的灯影戏、走马灯，后来西方国家的旋盘、活动幻灯，人
类在科学和艺术的天地中展翅翱翔，但并不满足已取得的成绩，而要追逐更高、
更广阔的天地。当时的活动幻灯已经很接近电影了，只是幻灯片上的图像是人
工绘出来的，既费时费力，人工绘出的动作又非常简单、不准确。随着摄影技
术的发展，有人试着把照片用在幻灯机上来代替人工绘画，取得了很好的效果，
进而推进了摄影机和放映机的诞生。

　　19 世纪末的一系列技术革新促进了电影的发展。1895 年 12 月 28 日，卢米
兄弟在巴黎大咖啡馆沙龙举行的著名的第一次真人电影放映，被认为是真人电
影时代的开始。卢米兄弟于 1907 年开始试验彩色电影。

　　20 世纪 20 年代，同步录音被添加到电影中，使电影成为一种真正的多模
式体验。苏格兰发明家约翰·罗吉·贝尔德（John Logie Baird）于 1925 年推出
了第一个电视宽频广播。自此，电视开始成为一种占主导地位的大众传播媒介。

1.2.5　立体视觉

　　在摄影出现的同时，立体视觉的应用开始出现，如在静止图像中加入深度
错觉。1838 年，查尔斯·惠特斯通爵士展示了他发明的一种复杂的称为"立体

镜"的机械装置,它使用由两个透镜组合的系统,通过重叠两个稍有不同的静止图像(即现在立体视觉中常用的左、右眼图像)来创造三维立体感。19 世纪和 20 世纪上半叶,出现了几种工作原理类似的装置。例如,1938 年获得专利的 View-Master(三维魔景机),使用了两个透镜和一个带有 7 对静止图像的纸板磁盘,通过左、右透镜看不同的对应图像来显示大峡谷的立体全景。现代的三维头盔采用相同的原理,从稍微不同的角度拍摄的同一物体的两幅图像分别针对人的左眼和右眼,从而让人产生三维错觉。

1.2.6 计算设备发展历史

计算设备的发展历史是漫长而复杂的。自古以来,人们就一直在建造机器来帮助完成数学任务。其中比较典型的是安提基西拉,它是一个钟表装置,建造在西西里岛的古希腊殖民地锡拉丘萨上,能够追踪当时已知的 10 个天体的相对位置。另外,还有查尔斯·巴贝奇(Charles Babbage)于 1822 年发明的有计算功能的机械装置。

现代计算机技术始于 20 世纪中叶,要归功于冯·诺依曼和艾伦·图灵等学者的不断努力,以及二进制电子设备的出现。其他重要的历史事件还有:20 世纪 50 年代晶体管的发明,允许电子电路的小型化;1971 年产生了第一个微处理器。与虚拟现实密切相关的事件是 1999 年第一个使用现代图形处理单元(GPU)的并行计算平台在商业市场上获得成功。

1.2.7 人机交互发展

早期的计算机主要用于数学计算。用户将要执行的数据和程序输入设备并等待计算结果,用户不能在执行期间更改程序的行为,这个设置局限性非常大。人机交互的历史最早出现在 20 世纪 60 年代初,伊凡·苏泽兰(Ivan Sutherland)在麻省理工学院攻读计算机图形学博士学位期间,使用著名的林肯实验室的 TX-2 计算机去完成导师交给他的博士论文课题"三维的交互式图形系统"(当时二维的图形系统已经问世)。伊凡·苏泽兰用了 3 年时间终于完成了这个艰巨而复杂的任务,成功开发了著名的 Sketchpad 系统。

Sketchpad 系统的工作原理简单来说是这样的：光笔在计算机屏幕表面上移动，通过一个光栅系统（Grid System）测量光笔在水平和垂直两个方向上的运动，从而在屏幕上重建由光笔移动所生成的线条。一旦出现在屏幕上，线条就可以被任意处理和操纵，包括拉长、缩短、旋转任一角度等，还可以互相连接来表示任何物体，物体也可以旋转任意角度来显示其任意方位的形态。Sketchpad 系统中的许多创意是革命性的，它的影响一直延续到今天。

Sketchpad 系统的开发激发了斯坦福研究院增强研究中心的道格拉斯·恩格尔巴特（Douglas Engelbert），他发明了 NLS 系统，包括在线多用户协作、第一个鼠标、所见即所得的文字编辑器、超链接、文本图形混排等，还涉及阿帕网（ARPANet，互联网的前身），引领了计算机互动的发展趋势。

1.2.8 虚拟现实的出现

在计算机还未出现的 1935 年，有一位科幻小说家斯坦利·温鲍姆（Stanley Weibaum）发表了一篇名为《皮格马利翁的奇观》的科幻小说，其中就写到在未来世界将会有一种技术可以让人完全沉溺于虚幻之中，产生身临其境的真实感受，这就正如现在的虚拟现实技术。不过，在当时的科技水平下，没有人会预想到小说中的场景会在未来变为现实。

20 世纪 50 年代早期，虚拟现实先驱莫顿·海林（Morton Heiling）提出了"体验剧场"的概念，即一个能实现多种感官感受的沉浸式多模态系统。1957年，海林申请了专利，并将他的一些想法应用到传感影院 Sensorama 中，如图1.5 所示。Sensorama 是一个可以显示三维图像的系统，可以与立体声甚至气味发生器相结合。它的理念是通过多个感官来实现沉浸感，可以给予观影者四感（视觉、听觉、味觉、触觉）。

在早期的演示中，观影者可以用这部机器观看 5 个小短片，其中包括在纽约布鲁克林的街头骑自行车。伴随自行车颠簸，观影者的座位也会随之抖动，同时观影者还可以感受到迎面吹来的风，并且闻到街边面包店传出的香味。再加上宽屏三维显示和立体声，这个如今看来颇为笨拙的机器在当时是颇为轰动的超前科技产品。然而，由于缺乏实际的商业和工业应用等原因，海林未能成功地推广和改进传感影院。

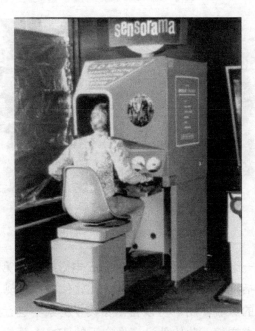

图 1.5　莫顿·海林的传感影院 Sensorama

计算机图形学之父伊凡·苏泽兰于 1965 年发表了一篇名为《终极的显示》的论文。其中首次描述了将电脑屏幕作为观看虚拟世界的窗口的"终极显示"。

1968 年，伊凡·苏泽兰和他的学生一起设计了世界上第一个虚拟现实和增强现实头戴式显示器。虽然是头戴式显示器（Head-Mounted Display，HMD），但由于当时硬件技术限制导致其相当沉重，根本无法独立穿戴，必须在天花板上搭建支撑杆，否则无法正常使用。这种独特造型与《汉书》中记载的孙敬头悬梁读书的姿势十分类似，用户戏称其为悬在头上的"达摩克利斯之剑"，如图 1.6 所示。

"达摩克利斯之剑"已经具备了现代虚拟现实 HMD 的基本要素：立体显示，用两个一英寸的 CTR 显示器显示出有深度的立体画面；虚拟画面生成，图像实时计算渲染立方体的边缘角度变化；头部位置追踪，机械连杆和超声波检测；模型生成，通过空间点使立方体可以随着人的视角而变化。"达摩克利斯之剑"标志着头戴式虚拟现实设备与头部位置追踪系统的诞生，为现今的虚拟技术奠定了坚实基础。

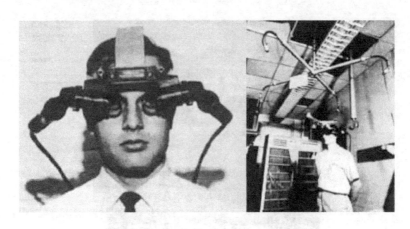

图 1.6 "达摩克利斯之剑"

麻省理工学院一组研究人员开发的 Aspen 电影地图是第一个包含真实虚拟环境所有特征（包括沉浸和交互）的软件。此软件模拟再现了 Aspen 市（位于美国科罗拉多州）的原貌，用户可以自由穿梭于街景中进行虚拟之旅，还可以感受不同季节的城市样貌。此软件没有像今天的 HMD 那样复杂，它把人放在一个虚拟的世界中，让人产生真实的感受。这是谷歌地图早期版本的雏形。

1975 年，米隆·克鲁格（Myron Krueger）提出了"人工现实"（Artificial Reality）的概念，并展示了一个名为 Video Place 的"非存在的概念化环境"，这是一种全新的交互体验。用户面对投影屏幕，摄像机拍摄的用户身影轮廓图像与计算机产生的图形经合成后，在屏幕上投射出一个虚拟世界。同时，传感器采集用户的动作，表现用户在虚拟世界中的各种行为。这种早期的人机互动方式，为日后 Room-Scale 等虚拟现实技术的发展带来了深远的影响。

杰伦·拉尼尔（Jaron Lanier）是一位计算机科学家、艺术家与思想家，也是一个游戏开发人员，创造了实验性游戏 Moondust 和 Alien Garden，并在 1983 年加入 Atari 公司的研究实验室。1984 年离开该实验室后，他与 Tom Zimmerman 联合创办了 VPL 公司。同时，拉尼尔公开了一种技术假想：综合利用计算机图形系统和各种现实及控制等接口设备，在计算机上生成的、可交互的三维环境中提供沉浸感的技术。拉尼尔将这种技术命名为虚拟现实（Virtual Reality，VR），因此拉尼尔也被称为"虚拟现实之父"。

第一个 CAVE （the Cave Automatic Virtual Environment）系统于 1992 年在伊利诺伊大学创建。Carolina 师从计算机图像先驱 Thomas DeFanti，与自己的

学生一起做了一个名为 CAVE 的项目。CAVE 项目中有一个虚拟环境的房间，房间墙面上有可以互动的图像。与目前主流的虚拟现实技术不同的是，CAVE 系统提供了一种更真实的虚拟现实体验，包括允许人进入墙面覆盖投影显示内容的房间，在物理空间中产生包围的真实感。人戴着 3D 眼镜"站"在 CAVE 系统中可以看到在房间里漂浮和移动的物体。

在这个阶段，大众媒体对虚拟现实相关技术的狂热逐步达到了顶峰。1992 年的《割草机的魔力》(*Lawnmower Mana*)、1995 年的《约翰尼的记忆》(*Johney Menmonic*)、1995 年的《黑客帝国》(*The Matrix*) 等电影，以及 1992 年的尼尔·斯蒂芬森《雪崩》等书，大量文学和电影作品代表了当时公众对虚拟现实和虚拟环境的无限遐想。

2003 年，林登实验室推出了一个通用的大型多用户在线虚拟社区"第二人生"，最高峰时注册用户数超过 2000 万。但是，虚拟现实技术的市场并没有就此打开，像 Power Plows 和 HMD 这样的设备没能打开市场，对大众而言，当时的这些虚拟现实设备相对昂贵且科幻，难以接受。在世纪之交，虚拟现实迎来了其发展史上第一次相对的低潮，公众的注意力很快转移到了社交网络和移动设备等其他领域。

1.2.9　虚拟现实的现状

2016 年也称为"虚拟现实元年"，大量的创业企业围绕虚拟现实和增强现实出现，虚拟现实再一次成为热潮，对科技行业的影响也变得显而易见。

AAA 级游戏因其拥有丰富的虚拟现实内容和支持多人在线同时游戏，主导着电子娱乐市场，"魔兽世界"即使在 2019 年也依然拥有超过 700 万的活跃用户。谷歌街景（Google Street）是谷歌地图的延续，已经成为人们日常生活的一部分。

现在几乎每台个人计算机、笔记本计算机、平板电脑、智能手机和游戏机都配备了价格便宜且功能强大的 GPU，能够提供高质量的实时三维图形。

Unity 3D、UDK 等高端实时渲染引擎可免费用于非商业和教育应用。高质量的 3D 建模和动画软件如 Autodesk 的 3ds Max、Maya 及 Blender 等产品也可免费用于非商业领域。

Wii Mote、微软 Kinect 和索尼 Move 等设备已经将运动跟踪技术带入了寻常百姓家。Oculus Rift 虚拟现实系统重新点燃了公众对 HMD 的兴趣，如图 1.7 所示。早期的虚拟现实是一个开放的领域，可以进行各种各样的实验，研究各种新颖的人机交互方式，但是当时有些方式的用户体验效果较差。如今的虚拟现实是一个相对成熟的领域。虚拟现实中的许多概念已经被"吸收"到商业产品中，在某些情况下已经改变得太多，以至于人们甚至不再认为它们是虚拟现实产品。

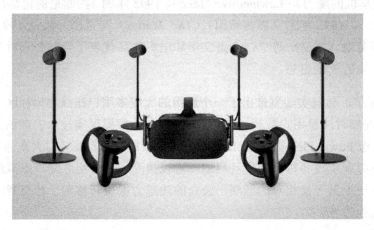

图 1.7　Oculus Rift 虚拟现实系统

1.2.10　国内的虚拟现实现状

虚拟现实技术属于前沿技术中的信息技术，是电子学、心理学、控制学、计算机图形学、数据库设计、实时分布系统和多媒体等多学科融合的技术，重点研究医学、娱乐、艺术与教育、军事及工业制造管理等多个相关领域的虚拟现实技术和系统。

我国从 20 世纪 90 年代起开始重视虚拟现实技术的研究和应用，由于技术和成本的限制，其主要应用对象在军用和高档商用领域；近年来，随着芯片、显示技术、人机交互技术的发展，适合普通消费者的产品逐步进入市场。

我国在虚拟现实上的研究起步较晚，但国内许多研究机构和高校都在进行虚拟现实的研究与应用，并取得了一些不错的研究成果。北京航空航天大学计算机系是国内最早进行虚拟现实研究的单位之一，其虚拟现实与可视化新技术研究室集成了分布式虚拟环境，可以提供实时三维动态数据库、虚拟现实演示环境、用于飞行员训练的虚拟现实系统、虚拟现实应用系统的开发平台等，并在以下方面取得了进展：着重研究了虚拟环境中物体物理特性的表示与处理；在虚拟现实的视觉接口方面开发出了部分硬件，并提出有关算法及实现方法。清华大学国家光盘工程研究中心制作的"布达拉宫"，采用 QuickTime 技术实现大全景虚拟环境；浙江大学 AD&CG 国家重点实验室开发了一套桌面型虚拟建筑环境实时漫游系统；哈尔滨工业大学计算机系已经成功地合成了人的高级行为中的特定人脸图像，解决了表情的合成和唇动合成技术问题，并正在研究人说话时手势和头势的动作、语音和语调的同步等。

目前，我国虚拟现实企业主要分为两大类。第一类是成熟行业依据传统软硬件或内容优势向虚拟现实领域渗透的企业。其中，智能手机及其他硬件企业大多从硬件层面布局。例如，联想与蚁视合作研发便携式设备——乐檬蚁视虚拟现实眼镜；魅族与拓视科技开展合作，推出手机虚拟现实头盔。而游戏、动漫制作企业或视频发布平台大多从软件和内容层面切入。2015 年 7 月，爱奇艺宣布将发布一款非商用的虚拟现实应用，目前已经和一些虚拟现实企业做了初步适配，优酷土豆集团在首届开放生态大会上宣布正式启动虚拟现实内容的制作。

第二类是新型虚拟现实产业企业，包括生态平台型企业和初创型企业。该类企业在硬件、平台、内容、生态等领域进行一系列布局，以互联网企业为领头羊。目前国内的虚拟现实硬件企业有：3Glasses、酷开任意门 G1、大朋、小π、小鸟看看、小米等。还有虚拟现实内容制作企业，如易晨 VR 等。专注虚拟现实平台的企业主要有 UtoVR。

数据显示，2015 年中国虚拟现实行业市场规模为 15.4 亿元。2015 年以来，中国虚拟现实行业市场规模发展快速，2018 年增长到 52.8 亿元，2019 年突破200 亿元，2021 年预计超过 550 亿元。

1.3 什么是虚拟现实系统

相对于虚拟现实的概念，虚拟现实系统更倾向于虚拟现实目标的实现过程，以人的感知为核心，通过多种技术手段实现虚拟现实所希望带给用户的体验。

1.3.1　人和真实环境之间的联系

　　人是如何感知并与真实世界交互的？虚拟现实又是如何在这个过程中起到作用的？这是虚拟现实系统研究的重要内容。近几个世纪以来，关于虚拟现实的重要观点已经开始逐步形成共识。讨论现实离不开对现实的理解，然而每个人对现实的感知都是主观的。这个过程主要由人的思想和人的感官共同来塑造人对现实的认知。

　　人类的感官，更准确地说是人类的感知器官，从环境中获得物理刺激，并将它们传送到大脑。大脑处理从感官获得的信息，形成对现实的感知。人的头脑对世界的认知并不是一个直接过程。如果忽视中间的传输转换过程或以某种方式断开它从感官中获得的输入信息，大脑只能确认它自己的存在。

　　其实有些人很早就注意到了，一些哲学家认为：人的意识及人的头脑构建起了人类所认知的一切，这种理解在哲学中称为唯心论。

　　总之，在认识虚拟和现实的关系时，人的意识环境被认为是通过感知系统来和真实世界建立起联系的，人无法直接感知真实世界，如图 1.8 所示。

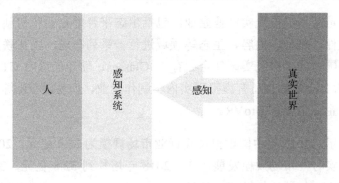

图 1.8　人和真实世界之间的感知关系

1.3.2　虚拟现实技术如何改变人对真实世界的认知

　　由前面的假设可以推断出，有以下两种方法可以改变人对真实世界的认知：

- 直接欺骗大脑并改变它处理从感官接收到的数据的方式；

● 通过欺骗感官并以某种方式改变它们传递给大脑的数据。

欺骗人的大脑其实是很容易的。大脑是一个脆弱的生物化学系统,易受各种干扰。众所周知,许多化学制剂会改变人的行为和对现实的看法。根据最近的研究,即使是血糖水平也会改变人们对现实的主观认识,甚至在特定情况下做出的决定;精神分裂症和偏执狂等多种精神疾病也会改变它。欺骗大脑也可以通过纯粹的心理手段来实现,如催眠和自我暗示。然而,这些直接影响大脑生物化学过程的方法大多难以控制,有的还会导致严重的不良反应。因此,在虚拟现实技术应用中,通常不会采用这种方法来实现。

虚拟现实技术采用的是另一种方法,通过欺骗人的感知系统来欺骗大脑,从而影响人对真实世界的认知,即虚物实化,如图 1.9 所示。

图 1.9　虚拟现实技术欺骗感知系统虚物实化的过程

1.3.3　虚拟现实系统的目标

虚拟现实系统的目标是通过提供计算机生成的人工刺激来欺骗人的感官,从而改变人对现实的感知。虚拟现实的最终目标是创造一种完美的幻境、一种逼真的人工体验,最终让人几乎无法将其与真实世界区分开。导演史蒂文·斯皮尔伯格曾在 2018 年的电影《头号玩家》中描述了人通过系统设备完全进入一个虚拟世界的场景。

然而,欺骗人的感官其实是有点理想化的,因为欺骗人的感官比欺骗人的大脑难得多。人的大脑有其特定的模式思维,愿意接受某种程度信息的不完善。大脑能够根据人感官捕获的部分丢失或畸形的信息来自动填补空白、完善场景的内容,但矛盾的是人的感官又特别善于分辨细微差别,哪怕是很小的感知上的差异，人都会察觉到欺骗的存在。实际上，从某种意义上讲，一个非常完整的虚拟世界对于人理解现实世界而言甚至不是必需的。人总是习惯去相信自己的经验记忆，虚拟现实系统要实现对大脑的欺骗，更容易实现的方法是创造一些经验信息，这些经验信息是人的感官所熟知的，通过提供适当的人工刺激刚好促使大脑完成自己的幻想。这也是虚拟现实系统所要达到的一个重要境界，让人的大脑通过经验数据修补缺失的数据，完成自我欺骗，也称之为"构想"，即让人脑在一定的基础上完成自己对不够完善的感官刺激信息的补足，并趋向于相信这些信息就是真实存在的。

1.3.4 虚拟现实系统的特征

虚拟现实系统不同于单纯的虚拟现实概念，强调通过计算机系统方法实现虚拟现实的理论过程。

虚拟现实系统主要由虚拟环境、计算机、输入/输出设备及系统的主体（"用户"）构成。其中，用户是整个系统服务的核心，如图 1.10 所示。

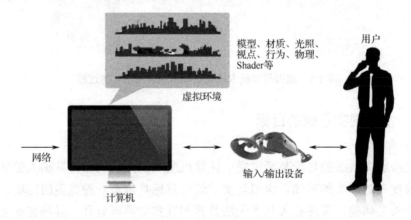

图 1.10 虚拟现实系统关系图

虚拟环境提供了与当前真实环境不同的环境错觉，包括不同的位置或时间点、不存在的或真实的场所等，如下所述。

● 模拟真实世界中的存在环境，但时间和位置不同。
● 真实世界中不存在的由人类主观构造的环境。

● 模拟真实世界中不可见的环境（微观或遥存在等）。

这种错觉是通过向感官提供一组人工刺激而产生的，意味着一个人对周围环境的感知，包括对地点、时间、空间的感知，对环境中其他人和物体的存在及其相对位置和相互作用的感知。

在迈克尔·海姆（Michael Heim）的开创性著作 *The Meta Physics of Virtual Reality* 中指出了虚拟现实的几种特征，如沉浸感、交互性、模拟、人工、临场感、全身沉浸、网络交流。为了给虚拟现实系统下一个宽泛的定义，需要重点关注前两个性质。

这两个特征将虚拟现实与相关媒体（如 3D 电影、3D 视频）区分开，如图 1.11所示。例如，无论是传统的还是 3D 的电影，甚至是文学作品，都能提供很好的沉浸感，但不具有互动性；使用 CAD/CAM 软件处理的是人工生成的三维内容，依赖于人机交互，但并没有提供沉浸感。

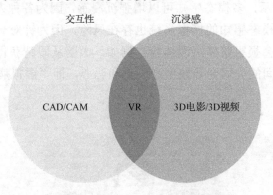

图 1.11　虚拟现实与相关媒体的关系图

1.3.5　沉浸感

沉浸感（Immersion）是指人在虚拟环境中的被环境要素所包围的存在感。如前所述，虚拟现实作为一种技术，旨在提供使用计算机生成的人工刺激来实现沉浸和包围的感受。为了实现这一目标，虚拟现实技术不能局限于现有技术。先进的技术并不是创造沉浸感幻觉的全部因素。阅读一部引人入胜的文学作品往往会带来一种沉浸式的体验。技术上更先进的系统并不总能提供更好的沉浸感。沉浸感代表一种用户体验的质量，用户体验只能间接设计，涉及内容的质量、用户的参与度及它的交流平台。沉浸感是一种多模态的体验。

1.3.6 多模态感知

多模态感知（也称多维感知）意味着同时使用一种以上的感知行为或行为模式。沉浸在虚拟环境的情况下，意味着用户有一种以上的感官参与。人对现实和存在感的感知总是多模态的，人的感官也不是独立运作的。例如，大脑综合利用前庭器官和眼睛的信息来判断方向。一般来说，如果同时有多个感官参与，沉浸感会增强。然而，人对某些感官的依赖要大于对其他感官的依赖。人的主要感觉是视觉，其次是听觉等其他感觉。因此，大多数虚拟现实系统主要注重视觉方面，较少注重听觉方面，偶尔"接触"人的前庭器官、触觉或"本体"感觉。

如图 1.12 所示，多模态感知可以增强沉浸感，因为各种人工刺激可以相互补充。然而，多模态感知的模拟系统也存在风险，因为针对一种感觉的不恰当的人工刺激可能会损害整体沉浸体验。例如，大脑从眼睛获得的方向感和前庭器官获得信息之间的失调会导致用户头晕和恶心，即"虚拟病"。

图 1.12　多模态感知

1.3.7 恐怖谷曲线

人对环境的感知是一个复杂的心理过程，有其认知、理性和情感成分。随

着虚拟环境逐渐接近真实世界，一个重要的现象出现了。Ernst Jentsch 于 1906
年在其论文《恐怖谷心理学》中提出了"恐怖谷"一词。恐怖谷曲线如图 1.13
所示。

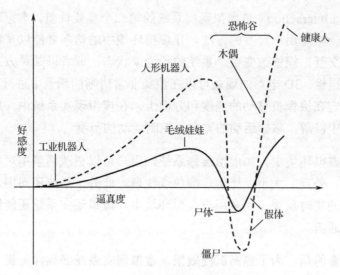

图 1.13 恐怖谷曲线

恐怖谷理论是一个关于人类对机器人和非人类物体的感觉的假设，说明当
机器人与人类的相似程度超过一定程度时，人类对它们的反应会突然变得极其
反感，即哪怕机器人与人类有一点点的差别都会显得非常显眼刺目，从而使整
个机器人有非常僵硬、恐怖的感觉，如行尸走肉一般。

人的大脑擅长抽象思维：它愿意接受一个会说话、会动的毛绒玩具这种看
似荒唐的"谎言"；然而，它不愿意接受一个看起来行为和一个真实人类的行为
之间差异微小的人造人。电影工业中常以这一题材为核心拍摄科幻电影。

在虚拟现实中也观察到同样的效果。一个更真实的环境和人物并不一定会
带来更好的体验。当虚拟环境的真实度正好处于"恐怖谷"阶段时，虚拟环境
反而会带给用户不太友好的体验感。这就需要在虚拟现实系统设计中更多考虑
系统功能和用户体验特征的关系。

1.3.8　交互性

交互性（Interaction）是虚拟现实系统的第二个重要性质。虚拟现实系统总是需要提供一些与用户交互的方法，让虚拟环境中的访问者能以某种方式改变或参与环境交互，能够改变整个系统的行为或状态，或者以某种方式改变系统各个元素的属性。3D 电影的观众可以在渲染非常清晰的场景中进行漫游，但视角总是被锁定在摄像机移动的速度和方向上。在虚拟现实系统中，用户能够自由地在场景中漫游，掌握运动的方向，控制运动的节奏。

在某些虚拟环境中，如虚拟装修系统，用户可以更改场景中对象的属性、位置、方向、外观、大小、比例、颜色或纹理。此外，系统还向用户提供有关其操作效果的实时反馈。在多用户虚拟环境中，虚拟现实系统还能够在不同用户之间进行通信。

需要注意的是，为了提高沉浸效果，虚拟现实系统必须保证提供的交互具有实时性，延时会破坏沉浸感。

1.3.9　交互与沉浸的循环

人与虚拟环境的交互是一个持续的反馈循环。人观察虚拟环境的当前状态，规定自己的预期操作，其意图通过某种输入方法被转换成系统可以理解的指令。系统改变了虚拟环境，人以人工感觉刺激的形式接收关于其行为结果的反馈。如图 1.14 所示，人通过行为系统把操作意图传递给虚拟环境的过程称为实物虚化，虚拟环境通过人工刺激把环境改变的结果传递给人的感知系统的过程称为虚物实化。

由此可以得出这样的结论：沉浸和交互总是协同工作以创建统一的用户体验。虚拟现实系统要做到沉浸和交互的统一则需要面临很多的困难。

假如有这样一套虚拟现实系统：虚拟环境以一个完全沉浸式的实时 3D 世界的形式呈现给用户，模仿真实世界，并由第一人称展示，如模仿虚拟战场上士兵的视角。它所呈现图形的视觉真实感创造了大量的沉浸感，但是缺乏任何类型的触觉和力反馈。用户虽然能够与虚拟环境简单交互，虚拟的手和脚也是清晰可见的，用户可以处理虚拟的物体并穿越虚拟的表面，但是，这套系统由于缺乏触觉或身体上的反作用力，所以与现实生活中的物体和身体接触时所常见的交互感受并不相同。这样的交互差异必然会破坏用户的沉浸感。

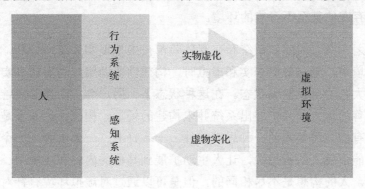

图 1.14 沉浸与交互的循环

虚拟现实系统创造了一种身临其境的体验，但是需要提供的互动方式不破坏沉浸感。当用户与虚拟世界交互并试图模仿真实世界的交互方式时，由于诸多的技术问题，要保持沉浸与交互的循环不被破坏非常难以实现，这也是当前虚拟现实系统开发面临的主要问题。

1.3.10 构想性

沉浸和交互作为虚拟现实的两个基本特征，能够对虚拟现实系统给出基础定义。虚拟现实系统在某种程度上是与真实世界分离的人造环境。虚拟环境的感知是基于计算生成的刺激。这些刺激在自然界中通常是视觉和听觉上的，偶尔也可能是触觉上的，或其他一些人类感觉。虚拟环境向用户提供存在感，即对时间、空间和环境的感知。设备产生的人工刺激都是为了创造沉浸感。

将虚拟环境与其他类似媒体（如电影和 3D 视频）区分开的特性是交互性。虚拟环境的用户能够以某种方式与环境交互。多用户虚拟环境还提供了人与人之间的交互方式。

除沉浸感和交互性外，虚拟现实系统还有一个重要的延展特征：构想性（Imagination）。严格讲，构想并不是系统所提供的功能或者要实现的过程，而是在其他特征基础上形成的对人思维系统的进一步深入的影响。当用户主体进入沉浸与交互的循环且不被破坏的时候，人的思维系统会根据经验进一步拓展虚拟环境中预先并不存在的内容。构想性强调虚拟现实技术应具有广阔的可想象空间，可拓宽人类认知范围，不仅可以再现真实存在的环境，也可以随意构想客观不存在的甚至不可能的环境。

换言之，当人的感知系统和交互体验都被虚拟现实系统所切断，用户沉浸于虚拟环境中，无法分清真实和虚拟时，构想性帮助用户利用在真实世界中的经验进入大脑的自我欺骗状态。在这种状态下，用户会主动帮助完善虚拟环境中不够完善的地方，并扩展出系统并未构建的场景。构想性也并不是虚拟现实系统所独有的，而是人的一种思维特性。一本好书、一部电影、一个精彩的艺术作品都能引发人的构想性，让人主动扩展到其他的内容和环境中。对同一个虚拟环境，人的构想是不尽相同的，但是可以通过对虚拟环境有针对性氛围营造和适当暗示，引导用户构想的方向。

1.4 虚拟现实系统的类型及应用

1.4.1 虚拟现实系统的类型

根据虚拟现实所倾向的特征的不同，目前虚拟现实系统可分为 4 类：桌面式、沉浸式、增强式和网络分布式。

桌面式虚拟现实系统采用个人计算机或图形工作站作为虚拟环境产生器，计算机屏幕或单投影墙是参与者观察虚拟环境的窗口，由于受到周围真实环境的干扰，它的沉浸感较差，但其成本相对较低，所以比较普及。

沉浸式虚拟现实系统主要利用各种高性能工作站、高性能图形加速卡和交互设备，通过声音、力反馈、触觉反馈等方式，有效地屏蔽周围真实环境（如利用 HMD、CAVE 系统），使用户完全沉浸在虚拟世界中。

如图 1.15 所示，增强式虚拟现实系统允许参与者看见真实环境中的物体，同时又把虚拟环境的图形叠加在真实的物体上。穿透型 HMD 可将用计算机产生的图形和参与者真实的即时环境重叠在一起。该系统主要依赖虚拟现实位置跟踪技术，以达到精确的重叠。其应用领域为维修、医学检查、培训等。其主要问题在于虚实一致性。

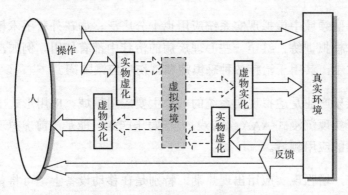

图 1.15 增强式虚拟现实系统

如图 1.16 所示，网络分布式虚拟现实系统是由上面 3 种类型组成的大型网络系统，用于更复杂任务的研究。它的基础是分布交互模拟，将分布于不同地理位置的多台计算机通过网络互连，主要应用在军事仿真、多用户虚拟环境等领域。典型系统有 SIMNET、NPSNET、STOW、DVENET。其主要问题在于系统的一致性（由数据分布与网络延迟引起）。

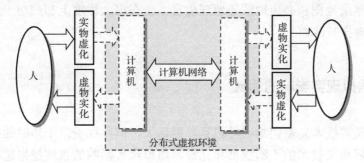

图 1.16 网络分布式虚拟现实系统

1.4.2 虚拟现实系统的应用

军事领域是虚拟现实系统应用最早、最重要的领域之一。军队可以使用虚拟战场执行训练任务，如飞行模拟器和车辆模拟器，以及战术作战训练、虚拟战场的指挥和控制、无人驾驶飞机的远程呈现，甚至公共关系和招募等任务。

2012 年，美国陆军推出了世界上第一个沉浸式虚拟训练模拟器，即美国陆军步兵训练系统（Dismounted Soldier Training System，DSTS）。

医疗保健领域中虚拟现实系统应用也十分广泛，如在外科手术模拟训练、腹腔镜手术模拟训练，甚至一些心理疾病的治疗中都有使用。例如，在虚拟现实暴露疗法中，其用于治疗各种恐惧症和创伤后应激障碍。

电子娱乐产业是虚拟现实系统的一个主要应用领域，应用形式主要基于真实三维图形实现沉浸式 AAA 级游戏。电子娱乐产业可能是当前虚拟现实企业盈利能力最强的应用领域。

近年来，增强现实应用出现热潮，特别是在移动设备上，可将普适计算和可穿戴计算等概念相结合。谷歌眼镜（Google Glass）项目就是一个典型案例。

使用虚拟现实技术"参观"将要建设的项目已经成为建筑师的日常状态，重点保护历史和文化遗产的机构也使用考古遗址方面的虚拟现实重建技术，各种各样的虚拟现实工具已被广泛用于教育或科普中。例如，由火星漫游者拍摄的照片组成的交互式全景图，谷歌天空（Google Sky）或微软全球望远镜（Microsoft World Wide Telescope）等使用的全景地图都是虚拟现实的应用。谷歌地图、苹果地图和必应地图等地理信息系统在很大程度上都归功于金字塔式全景地图虚拟技术。

1.4.3 虚拟现实影响的领域

虚拟现实技术先驱们雄心壮志且目标远大，但往往受限于当时的技术实现能力。伴随相关技术的不断发展和完善，虚拟现实影响的领域越来越广泛和深入。例如，虚拟现实技术的发展对娱乐业产生了巨大的影响，虚拟现实游戏就直接受益于电视和电影行业，特别是三维显示技术的发展和运动捕捉技术的出现。现代社交网络借鉴了许多早期的概念，在早期网络社交环境中，用户在虚拟空间中的互动并不依赖真实的实时三维图形，但虚拟现实技术的出现，让真实可见的社交场景具有极大的想象空间。此外，科学计算等多种科学研究领域也受益于廉价但计算效率非常高的大规模并行处理平台（如 GPU）的开发，可以通过虚拟现实技术快速实现高度可视化的表现。

虚拟现实技术带来了前所未有的沉浸感和交互性，标志着沉浸式三维内容时代的开始，主要表现在以下几个方面。

（1）重新定义故事叙述方式

虚拟现实中用户高度沉浸的特点为故事叙述提供了巨大的机会，也为由叙事驱动的教育、游戏和娱乐等产业带来了无限的可能。它将影响整个消费媒体领域，或将使虚拟现实成为未来消费的独特沉浸式媒体。

（2）重新定义医疗健康行业

虚拟现实技术已经开始渗透医疗健康领域，用于训练外科医生、制订手术计划、直播手术过程及治疗恐惧、疼痛和创伤后应激障碍等。

（3）重新定义购物方式

房地产和电商行业已经开始采用虚拟现实技术，因为它可以创建逼真的虚拟环境，让潜在买家在决定购买前进行真实体验。

（4）重新定义工作方式

虚拟现实甚至可以改变人们的工作方式！人们可以根据个人喜好定制自己的虚拟现实工作空间，360°的视觉空间能减少工作中的移动障碍和在不同任务之间切换的次数，将效率提高约 40%。

此外，还有更多其他领域受到了虚拟现实技术发展的影响，将在后续章节中进行探讨。

第2章 虚拟现实的感知过程

本章主要介绍虚拟现实系统通过提供计算机生成的人工刺激来创造虚拟环境中的存在感所需要理解的人类感知过程，探讨人类最重要的感官行为和生理特征，以便更好地理解虚拟现实系统需要在哪些约束条件下运行。首先，介绍人类所有感官的共同特性，重点讨论人类的视觉系统，因为这种感知是人最重要的信息来源。其次，介绍立体听觉，它是第二重要的感知和主要的交流渠道。最后，讨论感官组合，它们通常是在一起共同产生作用的，代表了一组多样且相关的机制，如触觉和本体感觉。

2.1 人类的感官

亚里士多德将人类的感官分为 5 种：听觉、触觉、味觉、嗅觉和视觉。但随着科技对生物学和人类大脑的研究探索日趋深入，发现了其他几种感官。如表 2.1 所示，除了"五大"感官，其实人全身还有多个感觉感受器，它们发挥着非常重要的作用，如保持身体平衡、发出饥饿信号等。除了提供环境信息的感官，人体还有各种旨在监测自身内部状态的系统。例如，在人机交互环境下，本体感觉就是众多综合感知之一。

表 2.1 人的感知系统及感知内容

系 统	活动形式	感觉感受器	器官模拟	器官行为	刺激物	外部信息
方向感	姿势及方向调整	机械及重力感受器	前庭器官	身体平衡	重力及加速度	重力或者加速的方向
听觉	听	机械感受器	耳蜗器官	声音定位	空气振动	振动方向及性质
触觉	触摸	机械、热量及动觉感受器	皮肤、关节肌肉及肌腱	各种探查活动	组织变形、关节配合及肌肉纤维紧张	物体表面黏性及冷热等状态
味觉	尝	化学及机械感受器	嘴	品尝	物体化学性质	营养及生化价值

续表

系　统	活动形式	感觉感受器	器官模拟	器官行为	刺激物	外部信息
嗅觉	嗅	化学感受器	鼻	吸气嗅探	气体化学性质	气味性质
视觉	看	光学感受器	眼	凝视、扫视等	光	大小、形状、纹理及运动等

（1）平衡感

人站立或行走时不会摔倒，要归功于平衡感。平衡感由内耳的淋巴液控制，与视觉相互配合，使人能安全地四处走动。若不停地转圈，就会使这一系统无法正常工作，导致人眩晕并失去平衡。

（2）本体感觉

当人闭上眼睛抬起手，不用去看也知道手在什么位置。这就是本体感觉在起作用，它让人无须去看就知道身体部位所在。这看似用处不大，但是如果没有这一感官，人们需要不停地低头看脚才能行走。例如，检查酒驾时，警察也会测试本体感觉。

（3）热觉感受

坐在篝火旁，人们可以感觉到热；从冰箱里拿出一块冰，人们可以感受到冷。皮肤上的热觉感受器能感知温度变化。以前，探知冷热的能力被归类到触觉下。但是，人们无须接触某物就能感受它的热度（如人坐在篝火旁，无须接触就会感觉到热），因此热觉感受器单独是一种感官。大脑内的热感系统能探知并控制核心体温。

（4）疼痛感

疼痛感官可以感知疼痛。约翰·霍普金斯大学感官生物学中心副主任保罗·富克斯表示，伤害感受与热觉感受常被混在一起，因为在某种程度上，这两种感觉都利用到相同的皮肤神经元。伤害感受器在皮肤、骨头、关节和内脏等处都有分布。

（5）内部感受

内部感受是对控制体内器官的内部感觉的统称。富克斯表示，人体内分布有各种感受器来引发潜意识和做出条件反射，这对身体健康有重大意义。人体大部分无意识行为都是由这类感受器控制管理的，如引发咳嗽、控制呼吸频率、饥饿或口渴时发出提醒等。

（6）空间感

闭着眼睛，人仍然能够感受到前面是一面墙。这就是空间感。

（7）情感

情感包括压力、喜、怒、忧、悲、恐、惊等。

（8）身体状况

过量的运动，休息不足，营养不良，人能够明显感受到疲倦和各种来自身体的感觉。

（9）时间感

长时间被关闭在密闭空间，没有任何声音时人会感到恐慌。

2.1.1　感官的目的

动物的感官是每个特定物种进化的结果。为了生存并最终繁衍后代，所有动物都必须对刺激做出反应。例如，寻找食物，避免成为别人的食物，避免处于危险的环境，寻找和吸引一个伴侣等。为了做到这一点，一些物种学会了利用环境信息。

收集环境和神经系统信息的感官对于传输与处理这些信息与其对应的能力密切相关。这些机制对于生物体生存并不是必需的。许多有机体，如自养植物和真菌，没有这些反馈能力也能茁壮成长。

人作为一个物种，存在于人体内的一系列感知系统是进化的直接结果。一个典型例子就是感知颜色的能力。有些夜间活动的哺乳动物进化后，依赖敏锐的嗅觉而不是视觉。区分颜色的能力在哺乳动物中相对也是比较少有的。人类和其他灵长类动物是从以白天活动为主、水果为食的祖先进化而来的，分辨成熟的黄色或红色水果与未成熟的绿色水果是白天活动的动物进化出的一种独特能力。人的行为系统和反馈如表 2.2 所示。

表 2.2　人的行为系统和反馈

系　　统	目　　的	应　　用	相关系统
调整姿势	适应重力及加速度	维持身体平衡	前庭器官
定向	通过部分身体运动获得外部刺激	考察或者感觉各种信息	所有相关感觉
走动	通过身体运动进入其他环境	从一个位置行动到另一个位置	定向及姿态调整
饮食	通过部分身体运动获取或者给予	吸收或排除	品尝、吸收及其他身体功能
行动	有利于个体的行为	操作、自我保护等	走动及相关行为
表达	用于表达、表明或识别	姿势、面部表情或语言表达	语言表达、聆听、表情系统
语义	用信号通知或表达	语言表达	基于信号的相关系统

每个感官的相对重要性反映在失去它的时候。例如，失明和失聪较为严重，但失去味觉就显得比较轻微，甚至可能在日常生活中被忽视。

虚拟现实系统遵循这种生物层次结构，主要致力于提供视觉和听觉刺激，偶有触觉反馈和力反馈。虚拟现实产品提供嗅觉或味觉相关的刺激是比较少见的。

2.1.2　感知和认知过程

每个感知系统都对特定的物理现象做出反应，如可见光、振动波、空气或周围环境温度的变化。感知系统可以观察到物理现象中可被感知的刺激变化，如光的频率或强度的变化。

由感官收集的刺激被传递到大脑，在大脑中产生感受认知，即唤起与特定类型刺激相关的体验。根据费希纳定律，刺激产生的感觉与强度的对数成正比，认知是对大脑产生的感觉进行有意义的解释的结果，如图 2.1 所示。

每一种刺激都由一种特殊类型的感官来记录。感官只对一定灵敏度范围内的信号做出反应，灵敏度范围受到感官解剖和生理的限制。例如，可见光是波长在 380～780nm 之间的电磁波，可听到的声音是在 20～20000Hz 之间的振动频率范围内的。知觉阈值表示灵敏度范围的最小值或者最大值，即可以接收的信号的最小值和最大值。

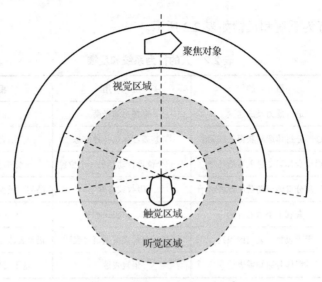

图 2.1　虚拟人综合感知范围[①]

　　通过感官，两个特定刺激之间最小的可检测的差异水平就是"可见差异"。可见差异与刺激大小成正比，即韦伯定律的刺激感知。

　　一种刺激的存在会影响其他类似刺激的感知，这种效应称为刺激掩蔽，在虚拟现实系统的实际应用中有着重要的影响。

2.2　视觉

　　视觉系统是人类最重要的感官，人的大部分信息都是通过视觉系统获得的。对人类视觉系统起作用的实际上是物体表面反射的电磁波。可见光是电磁波在人眼能感受范围内的部分，波长在 380～780nm 之间，可见光的波长与频率对照表如表 2.3 所示。

---

　　① 孙立博，孙济洲，刘艳，等. 基于反馈控制的自主虚拟人感知模型[J]. 软件学报，2010，21（05）：1171-1180.

表 2.3 可见光的波长与频率对照表

名　　称	波长/nm	频率/MHz
紫光	400～435	790～680
蓝光	450～480	680～620
青光	480～490	600～620
绿光	500～560	600～530
黄光	580～595	530～510
橙光	595～605	510～480
红光	605～700	480～405

人类的视觉系统能够观察到光的两种特性：光的强度及其近似的波长。大脑能够推断出有关信息的物体在三维空间中的形状和相对位置，用于识别物体。在大范围的光照条件下，即使它们有部分被遮挡，人也能识别物体及估计物体运动的速度和方向。此外，光的波长差异带来物体的一种特殊的附加属性，即颜色。

光场是一个可与磁场相比拟的概念，是一个描述光或电磁波在空间中各个方向通过每个点的数量的概念。光场在后来的虚拟现实系统视觉成像应用中研究较多。

如图 2.2 所示，眼睛的工作原理与照相机的成像原理是一样的，即外界某一个物体发出来的光，通过照相机的镜头在底片上形成了物体的倒像。

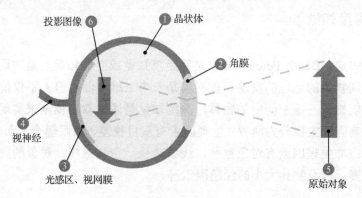

图 2.2 眼睛的工作原理

物体反射光线，光线先沿直线射入眼中，穿过角膜进入瞳孔并通过晶状体，再经晶状体弯曲（折射）后聚焦于视网膜。视网膜上的感光细胞将光转化成电脉冲。电脉冲沿视神经传递到大脑。大脑处理电脉冲信号后形成图像。注意，在眼球后部的视网膜上，视神经进入眼球处的一个凹陷点称为盲点，此处无视觉细胞，无感光能力，物体的影像落在此点上不能引起视觉。

2.2.1 颜色感知

与大多数哺乳动物不同，感知颜色的能力是灵长类动物视觉系统最重要的特征之一，所感知的颜色其实是反射光的不同波长。

视网膜里有两种细胞：视杆细胞和视锥细胞。视杆细胞（约 1 亿个）主要负责昏暗光线下的视物，而视锥细胞（约 700 万个）则负责处理颜色和细节。眼睛里有三种不同的视锥细胞，分别对红、绿、蓝三种波长的光敏感，当不同波长的光进入眼睛并投影在视网膜上时，大脑通过分析由各个视锥细胞输入的信息去感知景物的颜色。通过对红、绿、蓝三种颜色进行调和，人眼就能感知任何一种颜色变化，称为三原色感知。

在虚拟现实系统人机交互中，色盲会导致用户体验质量的下降。如果使用颜色编码作为传递某些信息的主要方法，需要考虑同时提供另一种相同信息的传递途径来避免色盲对交互过程的影响。

2.2.2 深度知觉

深度知觉（Depth Perception）又称距离知觉或立体知觉，是对同一物体的凹凸或不同物体的远近的反映。视网膜是一个二维平面，但人不仅能感知平面物体，还能感知三维空间中的物体。深度知觉是通过双目视觉来实现的。深度知觉的影响因素主要分为两种：生理因素有双目视差、双眼辐合、水晶体调节、运动视差；非生理因素有对象重叠、线条透视、空气透视，对象的纹理梯度、明暗和阴影，以及物体大小的经验因素等。

在生物学中，良好的深度知觉通常与捕食行为有关。而食草动物，通常是猎物，使用双目视觉的主要目的不是深度信息，而是扩大它们的视野。人类的深度知觉进化是适应早期灵长类动物生活环境的结果。人类视觉系统主要依靠以下两组线索来提取深度信息。

第一组主要通过两只眼睛的视觉信息综合来实现，主要是双目视差、双目辐合。同一个物体通过左、右眼的观察角度略有不同。通过分析左眼和右眼图像之间的差异，大脑能够以较高的精度估计物体的距离，这是一种深度计算方法，称为双目视差。左、右眼之间的差异随物体距离的增加而减少，双目视差不适合估计距离非常远的物体。双目辐合是指当两个眼球聚焦在同一个附近的物体上时，双目图像辐合在一起。其主要反映在控制眼球运动肌肉的紧张程度上，这种感知对估计距离小于 10m 的物体的深度非常有效，甚至可以不需要双目视差的线索。

双目立体视觉是基于双目视差原理的。如图 2.3 所示，分别以下标 l 和 r 标注左、右摄像机的相应参数。世界空间中一点 $A(X,Y,Z)$ 在左、右摄像机的成像面 C_l 和 C_r 上的像点分别为 $a_l(u_l,v_l)$ 和 $a_r(u_r,v_r)$。这两个像点是世界空间中同一个对象点 A 的像，称为"共轭点"。知道了这两个共轭点，分别作它们与各自摄像机的光心 O_l 和 O_r 的连线，即投影线 a_lO_l 和 a_rO_r。它们的交点即为世界空间中的对象点 $A(X,Y,Z)$。这就是双目立体视觉的基本原理。

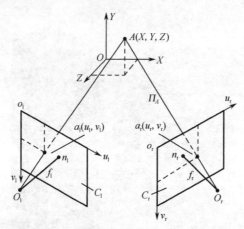

图 2.3 双目立体视觉的基本原理

根据人的经验和有关记忆线索，单凭一只眼睛观察物体也可以产生深度知觉。这是第二组线索。人通过大脑整合多方面的信息可做出深度和距离的判断。大脑利用许多单眼线索进行深度估计，如具有相似实际大小的对象的相对大小，较小的物体被认为是相距较远的。平行线的透视收敛是另一个重要的深度线索。纹理渐变的梯度变化是透视和人眼成像的结果，从而可以给出深度信息。已知对象的明暗度和亮度差异提供了有关对象距离的其他提示。大气效应在估计非常遥远物体的距离方面起着特别重要的作用，离观察者越远的物体看起来就越模糊，色调也变成蓝色。

此外，插入关系是一种基于物体部分遮挡的深度信息，部分遮挡的对象比遮挡的对象更远。如图 2.4 所示，这种信息可以用来制造三维感知错觉。运动视差也是重要的深度信息。在平行于观察者视角的平面上，物体相对运动的差异给出了它们相对位置的提示，因为离观察者远的物体移动速度似乎比离观察者近的物体慢。另一个由运动带来的深度信息与相对光学扩展有关，运动物体的"尺寸"越来越大，可以视为物体正在向观看者移动。本体感觉也在单目深度知觉中起作用。当眼睛改变焦点时，眼睛的晶状体形状也会改变。控制晶状体形状的肌肉张力信息可以帮助大脑进行深度估计。由于立体视觉影响因素多，大约有 6%的人是缺乏立体视觉的，还有 25%~30%的人是立体视觉异常的，所以在虚拟现实系统立体视觉生成环节上，会带来完全不同的用户体验。例如，有些人在电影院看 3D 电影的时候感觉轻松、舒适，而同样的电影有的人看起来就比较难受。

图 2.4　三维感知错觉

2.2.3　人脑的模式识别

人类的视觉已经进化出能够识别模式的能力，但人类大脑识别模式的详细机制尚不清楚。目前，计算机视觉模式识别算法与正常的人类视觉系统相比有很大的局限性，大脑试图将投射在视网膜上的图像分割成感兴趣的区域，从而形成可识别的、有意义的模式。它基于若干标准来执行这样区域的分组，如接近度、颜色的相似性、阴影、插入图案、连续性等。为了解释视觉信息，大脑依赖记忆和先前学习的经验。实际上，大脑看到了它期望看到的东西。

人类的视觉系统是在生命的最初几个月逐渐发展起来的。一个典型的例子是婴儿不能解释图像遮挡关系。如果他们看到一棵树部分被一栋建筑遮挡，他们就不知道树在建筑后面生长，尽管树的一部分是看不见的。这一能力只有在六个月大以后才慢慢成长起来。依靠记忆来解释图像也是产生光学错觉的重要原因。当大脑有几个同样的备选结果来解释一个给定的图像而不能给出一个唯一的解释时，就会产生这些错觉。与此相关的是一种称为幻想性视错觉（Pareidolia）的现象，即在随机纹理或嘈杂图像中看到人脸或其他特征，如树皮、云轮廓、月球上的陨石坑等。例如，图 2.5 所示为著名的火星"人脸"图案。这些构成了对视觉模式的假性识别。人脸识别是人类视觉系统中最重要的任务之一，即使不存在人脸，也可能因看到人脸的特征而识别出人脸。

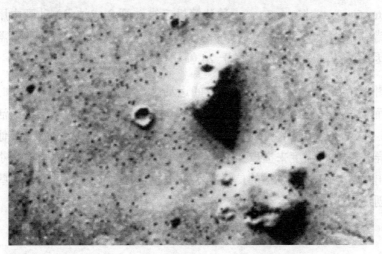

图 2.5　著名的火星"人脸"图案

2.2.4　运动知觉

运动知觉（Motion Perception）是人类大脑根据视觉输入信息推断物体运动方向和速度的能力。人周围的世界是不断运动变化的，例如，鸟在飞，鱼在游，火车在奔驰，河水在流动等。物体的运动特性直接作用于大脑，为人们所认识，就是运动知觉。人类视觉系统使用两种不同的认知过程来提取这些信息，运动知觉所需的部分已经在眼睛的视网膜上完成。

运动知觉直接依赖于对象运行的速度。物体运动的速度太慢或太快，都不能使人产生运动知觉。例如，人不能察觉手表上时针的运动。可以察觉的单位时间内物体运动的最小视角范围（角速度）称为运动知觉的下阈。物体运动的速度超过一定限度，人就只能看到连续的闪烁，刚看到闪烁时的速度称为运动知觉的上阈。运动知觉的阈值依赖于目标物在视网膜上的位置、刺激物的照明和持续时间、视野中有无参照点、视野结构的一般特点及对象距观察者的距离等因素。当刺激呈现在视野中央而且对象与背景之间具有较大的反差时，人们能够察觉的最小速度为每秒 1 分角度；如果刺激呈现在视野的边缘，速度阈值将显著上升，达每秒 10～20 分角度。在运动知觉中，视觉、动觉、平衡觉和触觉都会参与进来，其中视觉起着重要的作用。实际上，运动是基于一系列"静止"图像来解释和重建的。人类视觉系统的这一特性在电影、电视和 CGI（Computer Generated Imagery，一种计算机三维动画合成技术）动画中用来创造运动的错觉。为了实现视觉的平滑运动，静态图像之间的时间间隔需要小于50ms，因此传统动画需要每秒多于 24 帧才能看起来像连续动画。

如图 2.6 所示，当一个物体在空间运动时，它的背景的纹理结构时而被遮挡，时而显露出来，在视网膜上会出现不同的刺激流，这种现象称为活动的视觉遮挡。它对运动知觉有重要意义。运动检测利用纹理、对比度或其他一些特性的差异代替光照强度来提取运动信息。每个神经元对来自视野的一小部分的刺激做出反应，但从中获得的信息不足以重建运动方向，通过整合这些反应信息可以创造一个真正的运动印象，这就产生了孔径问题。

感知运动方向　　　　　　　实际运动方向

图 2.6　活动的视觉遮挡

2.3　立体听觉

立体听觉是个体对声源在空间分布的感觉，属于双耳听觉的空间知觉。声波具有物理特性，来自声场中的某一声源在到达两耳时会产生一定的时间差和强度差，据此可确定声源的方向，即听觉中的优先效应。

把由不同位置的传声器拾取的声音再通过两个不同位置（一般是左和右）的质地相同的扬声器放出，就会产生声音在空间分布的立体声效果。在两扬声器发出的声音传到聆听点时产生的附加声级差和时间差（或路程差）都为最小时，立体声效果最佳。采用全方位扬声器可以扩展这种产生立体声效果的区域范围。

立体听觉有一个物理计算过程，涉及的原理与算法本书不再详细介绍。在虚拟现实系统开发中，立体声常作为立体视觉的重要补充，用于制造沉浸感。

2.4　平衡感

前庭系统负责人类的平衡感，存在于所有哺乳动物身体内。由于人采用双足直立运动方式，所以平衡感非常重要。前庭系统负责根据地球引力场探测头部的位置和跟踪头部的运动，由两部分组成，一部分负责检测围绕三个正交轴的角速度，另一部分负责检测线性加速度。

内耳迷路中除耳蜗外，还有三个半规管及椭圆囊和球囊，后三者合称为前庭器官，是人体对自身运动状态和头在空间位置的感受器。当机体进行旋转或直线变速运动时，速度的变化（包括正、负加速度）会刺激三个半规管或椭圆囊中的感受细胞。当头的位置和地球引力的作用方向出现相对关系的改变时，就会刺激球囊中的感受细胞。这些刺激引起的神经冲动沿第8对脑神经的前庭神经传向中枢，引起相应的感受和其他效应。

从视觉系统和前庭系统接收到的运动信息之间的差异是导致模拟病的重要原因，模拟病是在长期使用虚拟现实系统时被观察到的一种运动病。如果前庭系统看到运动，但没有检测到，大脑就会将其视为错误。人的大脑应对这种错误的一种策略是，假设这种错误是由某种化学制剂引起的，因此，大脑会引起恶心并最终导致呕吐、难受的后果。

2.5 触觉

皮肤触觉感受器接触机械刺激产生的感觉，称为触觉。皮肤表面散布着触点，触点的大小不尽相同。触点分布不规则，一般情况下指腹最多，其次是头部，背部和小腿最少，因此指腹的触觉最灵敏，而背部和小腿的触觉则比较迟钝。若用纤细的毛轻触皮肤表面，只有当某些特殊的触点被触及时，才能引起触觉。

目前，虚拟现实和增强现实的场景重建主要围绕人的视觉和听觉感官展开，缺乏更高维度上的信息反馈和交互。触觉反馈技术为虚拟对象与人之间的力学相互作用搭建了一座桥梁，有望成为虚拟现实应用发展的关键技术突破口。

触觉反馈技术可以优化虚拟现实体验，拓宽虚拟现实应用领域。触觉反馈技术能够让用户与虚拟世界进行更深入的交互应用，拓展虚拟现实体验的感知维度，获得更强的沉浸感，打造出更逼真、全面的虚实融合环境，进而在游戏、智能制造、教育培训、高风险行业产生更多创新的应用。

2.6　本体感觉

本体感觉是指肌肉、肌腱、关节等运动器官在不同状态（运动或静止）时产生的感觉，例如，人在闭眼时能感知身体各部分的位置。因其位置较深，又称深部感觉。本体感觉可分为三个等级：一级是指肌肉、肌腱、韧带及关节的位置感、运动感、负重感；二级是指前庭的平衡感和小脑的运动协调感；三级是指大脑皮质综合运动知觉。

负责本体感觉的系统依赖于两个主要的信息来源：一是人类前庭系统；二是位于关节和肌肉组织中的特殊受体，它们对机械应变做出反应。在人机交互方面，本体感觉非常重要，因为它传达了运动所要传递的信息，负责感知输入设备的力反馈。试想一下，在键盘上按一个键和在触摸屏上按一个虚拟按钮的感觉有何不同之处。视觉或听觉集中在几个感觉器官中，在身体内有明确的位置；触觉和本体感觉是非常分散的，多个感觉器官分散在整个人身体内。这给虚拟现实系统的设计带来了重大的技术问题。能够提供人工本体感觉刺激的装置并没有一个可以与这个感觉器官建立接口的点，相反，它需要和用户的整个身体进行交互。另外一种方式是创建某种大脑—机器接口（Brain-Computer Interface，BCI），这个接口将完全绕过感觉器官，直接向大脑提供人工刺激。这两种方式在当前的虚拟现实系统交互中都还难以实现。

2.7　综合感知

如前所述，知觉和某些情况下由人类感官产生的感觉本质上都是多模态的。人类感官很少完全独立工作。大脑整合了从几个不同的感官来源获得的信息，以创造对物理刺激的感知，在这个过程中起作用的神经通路非常复杂。在几个不同的通路之间可以发生显著的信号串扰。当一个感知系统的刺激导致另一个感知系统的非自主感觉时，就会发生感觉关联。一个通道的刺激能引起该通道的感觉，现在这种刺激同时引起了另一个通道的感觉，这种现象称为联觉。例如，在一些人身上，一个特殊气味的感觉可以唤起颜色和形状的生动形象。在某些情况下，文字、数字和字母会与特定的颜色等联系在一起。超过 60 个联觉经验已经被确认和分类。在虚拟现实系统开发中，考虑综合感知会提高用户体验。

第3章 虚拟现实系统

本章主要介绍主流虚拟现实系统及常用组件。首先介绍虚拟现实系统的基本要求和架构；然后介绍典型的 CAVE 系统，即一种典型的建立在自定义硬件平台上的沉浸式虚拟应用系统；最后探讨虚拟现实系统的一些重要软件组件。

3.1 虚拟现实系统基本要求

虚拟现实系统是由虚拟环境、设备及用户构成的计算机系统。第 1 章已经阐述了虚拟现实的两个重要特征：沉浸和与虚拟环境的实时交互。这两个特征对虚拟现实系统提出了严格的要求，这些要求是人类感知系统特性的直接产物。例如，为了实现连续运动视觉效果，三维动画每秒需要至少达到 24 帧；用户输入和预期反馈之间的交互系统延迟要小于 50ms；音频系统需要在 20Hz～20kHz 范围内处理信号。然而这些约束要求又会产生一系列的技术问题，虚拟现实系统需要依赖于大量复杂的实时三维图形计算和低延迟的网络环境，还需要使用有损音频压缩方法，适合人类听觉系统的频率范围等。

虚拟现实系统往往被视为一种非常特殊的系统应用类型。理想情况下，这样的系统将包括能够显示实时立体图像的 HMD，它与一些头部运动跟踪方法相结合；还包括触觉反馈和力反馈；有的还包括一些其他特殊的输入方法，如语音识别、数字手套或数据衣。如此复杂的虚拟现实系统需要专用的软件引擎，同时需要专用的计算平台来运行。

在虚拟现实发展的过程中，虚拟现实系统对技术的需求往往超过了当时的技术能力。但是随着技术的进步，虚拟现实技术的发展已经成为推动微处理器设计、GPU 设计、显示技术、运动跟踪技术等领域高速发展的引擎之一，不断的技术进步导致虚拟现实系统的发展瓶颈越来越少，设计师可以更多地关注用户体验的质量。

事实上，市场上可用的由标准消费级组件组成的虚拟现实系统越来越多。这些系统基于普通的个人计算机或游戏机与内置 GPU 设备，使用标准的输入设备，如电脑鼠标、传统键盘、游戏控制器或各种触摸屏设备。这些依赖于现成组件的标准化和可用性，可以降低系统硬件价格、开发成本，减少时间。技术成本是决定虚拟现实系统接受度和市场渗透程度的主要因素之一。

3.2　虚拟现实系统架构

前面已经提到人与虚拟环境的关系可以用沉浸与交互的循环的形式来表示。循环的基本步骤直接反映在所有虚拟现实系统的系统组件中。虚拟现实系统的目的是向用户提供计算机生成的人工刺激，在虚拟环境中创造沉浸感和存在感，同时沉浸式虚拟现实系统需要提供互动的机会。

如图 3.1 所示，一个典型的虚拟现实系统由几个不同的硬件和软件组成。系统的核心是能够运行适合的软件引擎的计算平台。软件引擎维护虚拟环境，跟踪环境的状态，解释和执行用户的指令，并生成人工刺激。人工刺激是根据虚拟环境的一些抽象表现而产生的，通过各种输入和输出（I/O）设备实现与用户的交互。用户使用一个或多个输入设备发出指令，系统使用一个或多个输出设备，将人工刺激呈现给用户，这是现有主要的虚拟现实系统的基本架构。

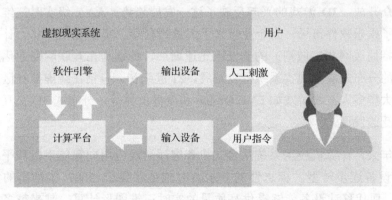

图 3.1　虚拟现实系统架构图

3.2.1　计算平台

计算平台是虚拟现实系统的底层基石。20 世纪 70 年代末，虚拟现实系统早期实验中就利用了那个时代的大型计算设备。第一代虚拟现实系统的开发很大程度上取决于计算平台生成实时三维图形的能力。80 年代初，计算机图形学硬件发展迅速。斯坦福大学的吉姆·克拉克和马克·汉纳在 21 世纪初开发的几何图形引擎是几何图形渲染管线的最早硬件实现，是现在三维计算机图形系统的关键环节。在虚拟现实技术发展的初期，围绕图形引擎构建的图形工作站系列成为最流行的计算平台。早期的虚拟环境运行在独立的图形工作站上，或使用工作站集群来并行处理图形计算。

20 世纪 90 年代，个人计算机和家庭娱乐系统如游戏机，开始能够提供高质量的实时三维图形计算，基于这些平台的虚拟现实系统的开发得以实现，而这些系统以前需要昂贵的图形工作站才能运行。3D 游戏开始主导电子娱乐市场，主要原因就是价格低廉且功能强大的计算机图形硬件的高速发展。继推出一系列流行的三维图形加速卡后，Nvidia 于 1999 年推出了第一款真正的 GPU 设备 GeForce 256，是计算机图形在个人计算机和家庭娱乐系统上发展的转折点，GeForce 256 提供了高分辨率和高逼真度下实现平滑动画所必需的计算速度。随着 GPU 设备的并行计算专业化程度降低，曾经高端的计算机图形应用开始对公众开放，3D 游戏的兴起反映了这一发展趋势。AAA 级实时三维图形应用主导了娱乐软件市场，为企业带来了大量的利润。20 世纪后十年，计算机网络（包括局域网和广域网）的普及率迅速增加，特别是在互联网商业化后，商业应用的分布式虚拟现实系统得以发展。21 世纪初，包括在线虚拟社区如第二人生、大型多人在线游戏如 EVE Online 和魔兽世界等，分布式 3D 交互游戏得到了广泛的发展。

近年来，计算机应用系统从台式机和客厅游戏应用向智能手机和平板电脑等移动设备逐步转型。标志性的分水岭时刻是苹果于 2007 年推出的第一款 iPhone。现代移动设备能够提供高质量的实时三维图形计算，越来越多的移动设备成为各种虚拟现实系统的终端，各种增强现实应用的兴起是这一转变的标志。未来计算平台的发展趋势可能会向普适计算和可穿戴计算进一步发展。

3.2.2　基于个人计算机的虚拟现实系统

向个人计算机过渡和远离图形工作站,从输入设备和显示设备的选择角度,对虚拟现实系统开发产生了一些副作用。大多数基于个人计算机和游戏主机的虚拟现实系统都采用标准 I/O 设备,如电脑鼠标、键盘和标准显示器,而不是更有针对性的专用设备如 HMD。在基于个人计算机的虚拟现实系统中,整个虚拟环境要么由单独个人计算机运行,要么由游戏主机运行;或者使用个人计算机或游戏主机来充当分布式虚拟环境的客户端。在这些系统中,沉浸感往往会因为使用标准显示设备而大受影响。这些系统没有完全沉浸式的三维图形或真正的立体声效果,触觉反馈往往只停留在游戏机能提供的振动水平上。典型应用就是现在大量的 AAA 级游戏,它们具备了虚拟现实系统的大量特征,但是沉浸感和交互性的体验还不够深入。

3.2.3　GPU

GPU 是一种特殊的处理单元,用于执行生成实时三维图形所需的高效计算。因为每个单独的 GPU 可以由数百个甚至数千个处理核心组成,这些核心能够并行地对不同的数据块进行计算,所以 GPU 又称为大规模并行计算设备。

标准 CPU 设计用于执行操作序列。每次在 CPU 上执行处理器指令时,都需要经历一系列的执行步骤。即使对一系列不同的数据执行相同的指令,也要按正确的顺序执行步骤。这就是单指令单数据（SISD）架构。现代的 CPU 试图通过拥有多个内核、多个处理单元来弥补这一点,这些处理器在不同的数据块上并行执行不同的指令,当前的处理器有 2 个、4 个或 8 个甚至更多内核。相反,GPU 可以有数百个处理单元,所有处理单元都在大量不同的数据块上执行一条指令。例如,Nvidia Tesla K20X GPU 计算模块有 2688 个处理单元。这种架构被称为单指令多数据（SIMD）架构。这种架构为某些类型的计算（如矩阵运算）提供了显著的加速。而计算机三维图形正是基于矩阵计算的。如图 3.2 所示,SISD/SIMD 计算机系统结合 CPU 和 GPU 的特点,基于个人计算机的虚拟现实系统正是利用这两种处理器架构来提供虚拟现实系统所需的性能。

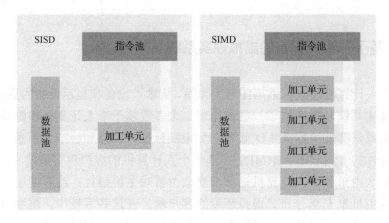

图 3.2　SISD/SIMD 计算机系统

3.2.4　分布式虚拟现实系统

分布式虚拟现实系统部署在局域网（LAN）或广域网（WAN）上。基于局域网的分布式虚拟现实系统通常采用点对点的体系结构，而基于服务器的分布式虚拟现实系统在基于广域网的分布式虚拟现实系统中占主导地位。服务器通常使用个人计算机的网格，客户端通常是个人计算机或游戏主机。近年来，移动设备开始成为虚拟现实系统的客户端。基于广域网的分布式虚拟现实系统的典型应用是大规模多用户在线（MMO）游戏和虚拟在线社区。"魔兽世界"由暴雪娱乐于 2004 年 11 月推出，是最著名的 MMO 游戏之一，截至 2019 年第二季度仍有 700 万在线用户。虚拟社区的案例有林登实验室的第二人生、IMVU、索尼的 PlayStation Home 等。

3.2.5　移动设备

在过去的十年里，计算平台最大的应用场景得益于移动平台的迅速扩张，标志事件主要有以下三个：20 世纪 90 年代移动通信蜂窝网络的出现，2007 年基于触摸屏的智能手机（即第一款 iPhone）的出现，2010 年以平板电脑为代表的智能终端的发展。

智能手机和平板电脑设备的计算能力已经发展到能够运行实时 3D 渲染，

其完全可以作为分布式虚拟现实系统的客户端。此外，摄像头成为移动设备的标准组件之一，能够适合各种增强现实应用。增强现实应用成为近几年发展的热点，谷歌眼镜、谷歌地图和维基地图等大量使用了增强现实技术。随着移动技术的不断发展，虚拟现实系统将与可穿戴计算和普适计算等新计算平台相融合。

3.2.6　标准 I/O 设备

虽然许多沉浸式虚拟现实系统依赖于专门定制的 I/O 设备，但大多数基于个人计算机的虚拟现实系统使用了标准 I/O 设备，如鼠标、键盘、游戏控制器和显示器。选择这种系统设计有多方面原因，其中最重要的是标准 I/O 设备价格便宜、易于获得。市面上的大多数计算机系统都已经配备了标准的 I/O 设备，因此不需要开发人员进行额外的设计，也不需要用户单独购买，而且用户熟悉这些设备及其操作方法，不需要额外培训。此外，这些设备的可用性限制也能够被开发人员很好地理解。

然而，使用标准 I/O 设备的主要缺点是它们不适合所有虚拟环境应用，如显示器不能显示 3D 效果。虚拟现实系统的发展也在许多方面影响着消费电子产品的发展，最新一代游戏机已经开始采用运动跟踪技术，如 Wii Mote 和微软 Kinect 等。

3.2.7　虚拟现实专用 I/O 设备

虚拟现实系统开发人员总是希望在人机交互方面超越标准 I/O 设备的范围。在此方向上的研究和努力催生了一系列设备，这些虚拟现实专用 I/O 设备几乎成为虚拟现实的代名词。其中，输入设备包括数据手套（动力手套）和各种运动跟踪和运动捕捉系统；输出设备包括各种立体显示器，如 HMD 和虚拟视网膜显示器，虚拟视网膜显示器能将图像直接投影到用户眼睛的感光区域。

专用的虚拟现实输出设备不局限于显示环节，还专门为虚拟环境中的空间音频渲染设计了波场合成（WFS）声音系统，还有全身范围的力反馈系统、能使用各种车辆驾驶舱和仪表的虚拟模拟器等。这些代表了虚拟现实系统使用的完整自定义 I/O 设备的另一种类别。

3.3 CAVE 系统

CAVE（Cave Automatic Virtual Environment，洞穴式自动虚拟环境）表示一种特殊的沉浸式虚拟环境，也是对一个自成一体的封闭空间的想象，一个从日常的真实世界中抽象理解这种系统的特征。CAVE 系统尝试创造一个完全沉浸式的虚拟环境。这些环境将实时三维图形、空间音频和实时运动跟踪结合起来，产生沉浸感和存在感的错觉。常见的 CAVE 系统是一个装有覆盖墙壁、地板和天花板表面的显示器的房间。如图 3.3 所示，在早期的 CAVE 系统中，显示设备主要是背投屏幕，近年来更多开始使用平板显示器。用户使用快门式立体眼镜来获得立体影像。系统不断跟踪用户的位置和方向，并将墙上显示的图像与快门式眼镜同步。用户从任一个角度都能获得实时的立体影像，从而实现视觉沉浸。第一个 CAVE 系统是 1992 年由芝加哥伊利诺伊大学电子可视化实验室建造的。CAVE 系统在 20 世纪 90 年代后期达到了应用发展的高峰，然而，开发和维护的高成本与系统的复杂性阻碍了其更广泛的应用。

图 3.3　CAVE 系统用户视角示意图①

---

① Gromer Daniel，Madeira Octávia，Gast Philipp，et al. Height Simulation in a Virtual Reality CAVE System: Validity of Fear Responses and Effects of an Immersion Manipulation.[J]. Frontiers in human neuroscience, 2018, 12.

3.4　虚拟现实系统软件

如图 3.4 所示，虚拟现实系统软件由几个重要的组件组成。虚拟现实系统的核心是虚拟环境的抽象表示，即场景图（Scene Graph）。三维图像和其他人工刺激信号是基于这种数据结构的软件组件。

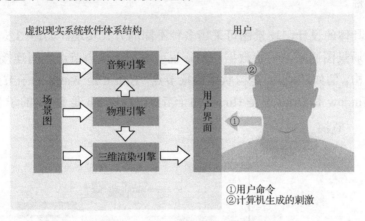

图 3.4　虚拟现实系统软件体系结构

三维渲染引擎负责生成虚拟环境的图形表示，通常是实时的三维图形，或者类似的解决方案。音频引擎负责生成空间化的音频信号。在虚拟环境中，渲染引擎与物理引擎紧密协作。

与用户的交互是通过用户界面系统来维护的，将在第 4 章重点介绍。用户界面系统将用户输入转换为简单的系统指令，如按下按钮表示滚动的手势。在虚拟现实系统中，这些指令使用应用逻辑解释为有意义的互动事件。如果是分布式虚拟现实系统，还要有一个负责网络接口的组件。

3.4.1　场景图

场景图是一个安排场景内对象的数据结构，它把场景内所有的节点（Node）都包含在一棵树（tree）上。场景图虽然是"图"，但实际上采用树状数据结构表示。

　　所有虚拟现实系统都需要包含虚拟现实的抽象表示，这种表示通常以场景图的形式组织。场景图是一种复杂的数据结构，通常包含指向虚拟三维对象的几何表示的链接，即包含每个节点在虚拟世界中的位置、比例和方向的信息，节点之间相互连接的信息及它们的视觉外观的描述。虚拟对象的视觉外观通常以描述曲面和纹理的反光特性的着色器或代码片段的形式给出。场景图也可以包含其他数据，如系统中存在某种物理模拟器引擎时的物理属性或与游戏逻辑相关的属性。

　　根据具体的设计，场景图可采用多种不同的方式实现。如图 3.5 所示，在功能上，场景图通常是树状数据结构，说明虚拟环境中节点之间连接关系的逻辑层次结构。例如，World 是树状结构根节点，House 是 World 的子节点，Roof、Walls、Window 和 Door 都是 House 的子节点，Door Sh 是 Door 的子节点。

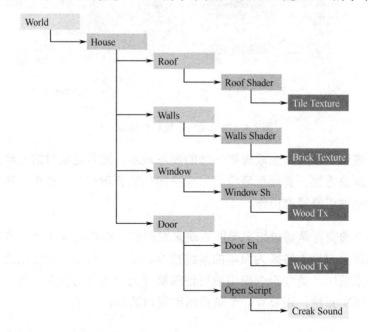

图 3.5　场景图树状数据结构示意图

　　面向对象的场景图使用继承机制来提供节点的这种多样性，所有的节点类都有一个共有的基类，同时各自派生出实现特定功能的方法。

　　场景图方法不限于虚拟现实系统，它是矢量图形软件、CAD/CAM 软件等的重要组成部分。

3.4.2　三维渲染引擎

三维渲染引擎是虚拟现实系统的主要组成部分，负责基于包含在场景图中的虚拟环境的抽象表示来生成图像，绝大多数情况下需要生成实时三维图形。人类视觉系统的生理学特征对三维渲染引擎提出了一定的要求。为了产生运动错觉，呈现给眼睛的图像的最小帧速率为 24 帧/秒（FPS），而更高的帧速率可以使人看到的图像更加平滑，通常在虚拟现实系统中需要达到 60FPS 甚至 100FPS。

在基于个人计算机的虚拟现实系统上，输出分辨率对渲染引擎和硬件提出了较高的要求。以 1920×1080 像素的 Oculus Rift 为例，由于需要创建左、右眼图像，生成三维图形所需的分辨率实际上需要翻倍。大型显示器，如墙壁大小的平板显示器，需要更高的分辨率。渲染引擎使用许多不同的算法来创建最终图形。近年来，一些高端实时 3D 引擎已经免费为学术或非商业用途提供服务，如后面将介绍的 Unity 3D、Unreal Engine 和 Blendergame Engine。

渲染是指用软件从模型生成图像的过程，即将三维场景中的模型按照设定好的环境、灯光、材质及渲染参数投影成数字图像。在大多数情况下，渲染的目标是创建尽可能逼真的虚拟场景。三维渲染引擎主要分为实时三维渲染引擎和离线三维渲染引擎。

三维渲染引擎对对象的抽象方式主要分为多边形和 NURBS 曲线（非均匀有理 B 样条）两种。实时三维渲染引擎采用多边形抽象方式，因为任何多边形最终都能被分解为容易计算和表示的三角形。离线三维渲染引擎采用 NURBS 曲线抽象方式，因为 NURBS 曲线相较于多边形能提供更好的视觉效果，灵活性较高。

三维渲染引擎的基本功能包括对三维场景的数据管理及功能合理且强大的渲染，即场景管理、对象系统、与外部工具的交互、底层数据的组织表示。其具体任务是组织三维世界中各种不同物体之间多种多样的关系，同时把这些关系与三维渲染引擎的功能关联起来。

3.4.3　物理引擎

物理引擎是利用牛顿运动定律模拟虚拟环境中物体动态行为的软件模块，主要用于表现力、物体质量、摩擦系数、弹性系数等，以计算物体的速度和加速度。最常见的场景是，当物体的几何结构没有永久改变时，可以模拟弹性碰撞，但有些引擎甚至可以模拟塑性碰撞。娱乐虚拟现实系统中使用的物理引擎不同于 CAD/CAM 或科学模拟中使用的物理引擎。大多数虚拟环境的重点是看起来真实的模拟，而不是模拟的精度。物理引擎通常模拟：

- 刚体力学，不改变其几何形状的物体碰撞；
- 柔体力学，可变形物体的碰撞；
- 绳索力学，如链条、绳索等的行为；
- 布料物理，模拟柔软的二维表面的动态行为。

部分虚拟现实引擎能够进行流体表面模拟，但是很少能模拟真实的流体动力。

3.4.4　音频引擎

音频引擎试图模拟声音从虚拟源传输到虚拟环境中的侦听器时其属性的变化。空间化的立体音频能够创建一种假象，声源相对用户位于虚拟环境中的特定位置，用户能感受到声音在他的前面、后面和上面。

注意，立体音频不应与立体声音频混淆。立体声音频只是一种不考虑听者与声源相对位置变化的记录技术，而立体音频引擎则试图实时模拟用户与声源相对位置的变化。空间音频引擎试图模拟用户与声源的声学特性的影响，如回声和混响。从三维场景和声源的抽象表示生成空间化音频信号的过程称为音频渲染。音频渲染使用虚拟环境的声学特性和与头部相关的传递函数来创建真实的音频效果。

第 4 章 ╇ 用户界面与人机交互

本章主要介绍虚拟现实系统的用户界面（UI）。用户界面是虚拟现实系统的前端部分，可以对系统的感知、它们与系统的交互能力产生最直接的影响。设计优秀的用户界面是一项非常艰巨的工作。真正优秀的用户界面常常不会被用户注意到，且完全遵循用户的期望，无缝地集成到工作流程中，而"糟糕"的用户界面会对用户体验产生非常不利的影响。虚拟现实系统的用户界面通常需要组合多种不同的元素。广义的用户界面可以包括硬件组件，如输入和输出设备；软件部分，即元素以何种方式显示给用户。本章先介绍用户体验和框架设计，再介绍虚拟环境中的典型三维交互任务。

4.1　用户体验

用户体验（User Experience，UE/UX）是用户在使用产品过程中建立起来的一种纯主观感受。以用户为中心的设计方法，把人即产品的最终用户放在重点位置上。技术上的局限性总是会对用户界面设计带来诸多限制，然而，任何技术解决方案都是为了满足一些现实的需求。如果创新纯粹是技术驱动的，那么虚拟现实系统将永远无法达到自己的目标。到目前为止，技术的原因使虚拟现实系统的用户体验受到众多限制。用户体验的主观质量是系统产品设计的最终衡量标准。

用户体验最早在 20 世纪 90 年代中期被广泛认知，这个词由用户体验设计师唐纳德·诺曼（Donald Norman）所提出并推广。

近些年，计算机技术在移动和图形技术等方面取得的进展已经使人机交互（HCI）技术渗透到人类活动的几乎所有领域，导致了一个巨大转变：系统的评价指标从单纯的可用性工程扩展到范围更丰富的用户体验。这使用户体验（用户的主观感受、动机、价值观等）在人机交互技术发展过程中受到了相当的重视，其关注度与传统的三大可用性指标（效率、效益和基本主观满意度）不相上下，甚至地位更重要。

虚拟现实系统中，用户界面是唯一与最终用户有直接联系的部分。用户界面的质量对用户体验的质量有很大的影响。一个功能完善的系统可能会被"糟糕"的用户界面设计所破坏。用户体验总是主观的，只能被间接地设计。图 4.1 所示为一个基于 HTC VIVE 的医疗手术虚拟现实系统的用户界面，设计虚拟现实系统的用户界面实际上是设计用户模拟真实行为的交互体验。

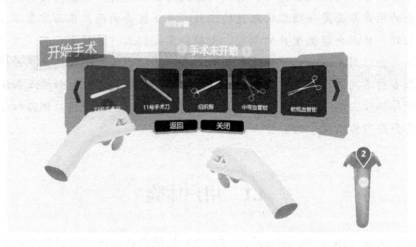

图 4.1　基于 HTC VIVE 的医疗手术虚拟现实系统的用户界面

4.1.1　人机交互

人和计算系统之间的交互可以理解为面向目标的活动。当人与虚拟环境交互时，总是为了达到某个目标或任务，如在虚拟空间中移动或操纵虚拟对象。此时，用户界面执行双重功能：将用户的操作转换为对系统有意义的指令，在沉浸与交互的循环的另一端向用户提供有关其操作结果的反馈。用户的意图和行为需要易于转换为系统可以理解的指令。

因此，人机交互可视为一个反馈回路。用户与虚拟环境的交互循环描述如下。

（1）在虚拟环境中会话期间的任何给定时刻，用户观察虚拟环境的当前状态，即用户通过某种显示设备接收代表虚拟环境的人工刺激。

（2）用户决定与虚拟环境交互，即他定义了自己在虚拟环境中改变某个对象的意图，并制定了一个动作。

（3）用户使用某种输入设备发出指令。

（4）系统解释用户的指令，对用户的指令做出反应。

（5）虚拟环境作为一个整体或其中某个元素的状态发生相应的变化。

（6）系统向用户提供关于其行为结果的反馈，即向用户呈现反映虚拟环境新状态的图像。

（7）用户界面为用户提供了一套工具，用户可以执行对应的操作，以便将用户的意图转换为系统可以理解的指令，从而实现预期目标。这些操作包括移动虚拟化身、使用虚拟指针选择虚拟元素等。

一般来说，从设计师的角度看，虚拟现实应用程序由两种类型的组件组成：环境元素和交互元素。环境元素是指将环境视为用户戴上虚拟现实装备时所进入的整个世界，如身处的虚拟太空或者驾驶过山车飞驰的虚拟乐园。交互元素是指用户界面上影响用户交互和操控体验的元素合集。如图 4.2 所示，根据这两种组件的复杂性，所有虚拟现实应用程序都可以沿两个轴定位。

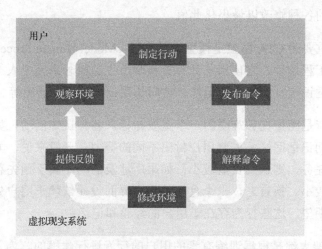

图 4.2　虚拟现实系统界面设计的组件

在虚拟现实应用系统中有类似模拟器的东西，如过山车，这种应用有完全成形的虚拟环境，但根本没有交互，用户只是被锁在了车里按照固定的路径漫游观看，并不能控制参观过程。

4.1.2　评估用户体验

评估用户体验意味着评估用户界面的质量。根据主观定义，用户体验可以通过客观的定量以系统的方式进行评估。研究这一问题的学科称为认知工效学。它应用认知任务分析（Cognitive Task Analysis，CTA）方法来识别使用特定用户界面执行特定任务所需的认知技能。从 1983 年 Card、Moran 和 Newell 引入 GOMS 模型开始，为了评估人机交互的质量，已经开发出多个 CTA 框架。

CTA 框架有相同的基本方法，人机交互有基本的交互步骤，即用户为了达到预期目标而需要执行的基本操作。例如，使用图形用户界面（GUI）启动应用程序的任务可以分解为以下步骤：从内存中调用应用程序图标，在屏幕的其他图标中查找和标识图标，移动光标，选择图标，发出启动应用程序的指令。一些定量值被指定为执行每个操作的难度的指标。根据应用框架，可以通过不同的方法得出相对的难度指标。例如，执行特定任务所需的时间就是一种衡量指标。执行整个任务的累计难度是这些值的总和，用户界面设计器可以迭代用户界面元素的各种修改以最小化此值。

另一个重要的 CTA 框架是模型人处理器（Model Human Processor，MHP），是人的绩效工程模型。它使用从计算机科学衍生的概念来模拟人类行为、基本操作，如视觉识别、访问短期记忆、访问长期记忆、运动反应等。

认知负荷是衡量任务难度的一个重要指标。各种认知活动，如视觉识别、言语化或长期记忆回忆，需要用户付出不同的努力。一般来说，如果用户已经熟悉了认知任务，则认知负荷较小；如果所涉及的动作属于预先存在的模式，则认知负荷较小。换言之，一个直观的用户界面设计依赖于用户先前对系统行为的认知和期望，这些行为存在于用户的经验和记忆中。

CTA 框架大都是根据训练有素的用户的行为进行建模的。为了高效地执行任务，用户需要理解用户界面支持的操作。因此，用户界面特征的可发现性是用户界面设计的另一个重要问题。

　　由人机交互模型产生的预测质量取决于作为任务难度指标值的精度。认知工效学利用传统的心理学实验来得出这些指标值。近年来，神经生物学数据也被用于获取相关的指标值，这种方法称为神经工效学。

4.2　框架设计

　　包豪斯运动（1918—1933）起源于德国，是纯粹而诚实的设计理念的复兴，其影响波及建筑、艺术、字体、产品等诸多设计领域。包豪斯的美感和信念来自工业和设计制造，是受现代工业文明影响的设计思潮。哥伦比亚大学的 Watter Gropius 认为，包豪斯的目的在于展现群体合作的同时不丧失个性。

　　包豪斯的理念可以用两句话形容：形式跟随功能，去除干扰和装饰。采用包豪斯理念的用户界面称为 Skeumorphic。苹果很长一段时间的设计倾向于 Skeumorphic 理念（如 iBooks、iCal 等），如图 4.3 所示。

图 4.3　苹果 iBooks 界面

将 Skeumorphic 应用在用户界面上的主要思想是用户界面指向或模仿真实世界的功用。苹果在它的《人机界面指南》中指出："只要有可能，就在你的应用上增加现实的、物理的维度。你的应用与现实越相像，操作越相同，就越容易使用户理解它是如何工作的，他们便越乐意使用它"。

在数字设计中，Skeumorphic 的目的是利用用户与真实世界对象的熟悉性，在认知心理学的基础上使系统与用户的交互更加直观。本质上，每个 Skeumorphic 风格的用户界面设计都有两个概念组件：一个唤起对真实世界对象的熟悉，另一个执行实际的交互功能。

当超越了视觉框架的表面层次，如用户界面中的金属或木制纹理时，就进入了对交互的本能预期的领域，框架形态表现为从外表到行为，用户可以根据日常生活经验理解用户界面所要表达的内容，甚至可能会发生的交互。GUI 设计中，也经常会使用数值规律加速和减速按钮来转换和滚动面板，连续的数值变换可以帮助用户理解交互的结果预期。

Skeumorphic 风格的用户界面设计还具有一定的叙事作用，一个特定的视觉风格可能会唤起一个特定年龄或背景的环境印象。这种风格设计下的虚拟环境可以导致更好的沉浸感。以往的虚拟现实系统中，为了创造令人信服的虚拟环境，设计师试图复制真实世界的所有可能细节，但这往往会导致更多的问题和不完美的用户体验，并不是最好的选择。在创建虚拟环境时，必须仔细选择重建真实世界的元素，强化环境内容和环境风格及背景相吻合，提高虚拟环境的设计效果。

4.3　虚拟环境的用户界面设计

虚拟环境的用户界面设计极具挑战性。虽然大多数虚拟环境都基于三维图形来构建，但用户界面总要包含二维图形的元素。这种结合了二维图形和三维图形的用户界面的双重性质会导致出现以下三个层次的设计问题：

- 二维用户界面元素的设计；
- 三维用户界面元素的设计；
- 集成二维和三维用户界面元素。

虚拟环境用户界面的二维元素的设计大体上遵循 2D UI 的设计原则，因此不再赘述。下面主要讨论三维环境中的一些典型交互任务。二维和三维的无缝集成是必不可少的。图 4.4 所示为一个常见的虚拟现实系统用户界面案例，包含二维和三维的元素。用户不能被迫学习新的交互模式，也不能被迫在两种不同的交互行为之间进行不必要的切换，因此，用户界面的二维和三维部分都需要遵循相同的约定和设计原则。

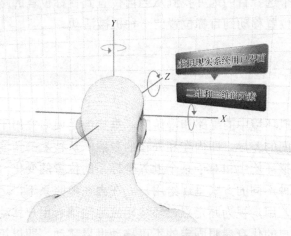

图 4.4　一个常见的虚拟现实系统用户界面案例

4.4　典型的三维交互任务

用户与任何特定虚拟环境的交互取决于环境设计的应用程序的类型。作为社交中心的虚拟社区，其交互需求不同于模拟器、地理信息系统或 MMO 游戏。无论系统的目的和设计目的是什么，虚拟现实系统都包括如下一些典型的交互任务：

- 虚拟环境的导航及寻路和漫游两个子任务；
- 选择环境中的对象；
- 操作选定对象；
- 对环境本身属性的系统控制；
- 文本或数字形式的符号输入。

4.5　导航

　　虚拟环境中的导航功能主要是通过参照虚拟环境中的环境本身或其他对象来处理用户的位置、化身或视角的变化的。一般来说，导航行为有两个组成部分：寻路是一个选择目的地并找到从当前位置到目标位置的路径的认知过程；漫游是从当前位置移动到目标位置的一种机械活动。

4.5.1　参照

　　在研究虚拟环境中的寻路和漫游时，重要的是要研究用于此任务的两个主要类似形式之间的差异，即内在和外在的参照。从技术的角度来看，导航是指用户表示在虚拟环境中相对于某个世界坐标系的位置的变化。但是，此操作的结果可以用两种不同的方式呈现给用户。在内在参照系下，运动是从第一人称的角度呈现的，用户视为固定点，环境相应地围绕着用户移动。相反，在外在参照系下，用户的化身参照固定的不可移动世界移动，即以第三人称视角呈现该移动。如图 4.5 所示，通常的 FPS（First-person Shooting）射击游戏就是第一人称视角的，而 MMO 游戏如"魔兽世界"就是以第三人称视角展开的。

图 4.5　第一人称视角（左）与第三人称视角（右）

4.5.2　寻路

寻路是导航的认知组成部分，是选择目的地并找到从当前位置到目标位置的路径的常见活动。在现实生活中，寻路是指在街道上行走、在道路上导航、在机场里找到一条路或在城镇中找到一个地址的行为。人们依靠各种方法来完成这些任务，利用环境的空间知识，借助于地标之类的事物、一些重要的容易识别的物体、特别标志等，如火车站的出口标志、轨道标志、指示道路或路口的道路标识、地图、平面图、图表和其他定向信息等。在有些情况下，寻路提示也可能是一大群穿着得体的人朝着音乐会场地移动，或者是一条朝某个方向流动的河流所带来的方向提示。

虚拟环境中寻路的主要问题是缺乏对移动的限制，虚拟环境中的寻路可以比为太空飞行、深海潜水。另一个问题是缺乏熟悉的寻路提示，虚拟环境与真实世界的差异越大，就越难找到路。

4.5.3　寻路帮助

在虚拟环境中可以通过多种方式为用户提供寻路帮助，主要有以下两种。

一种是环境本身的设计。一般来说，如果虚拟世界看起来更像真实世界，则寻路更容易。实现的方法是提供类似真实生活的移动限制，即不飞行、不穿墙、只允许在特定区域（如虚拟街道）移动；还可以创建一个简单的空间关系，将目标放置在易于理解的几何图形中。除此之外，将虚拟世界分隔成不同的小空间，每个空间对应一个可识别的标识，也可以帮助寻路，如地下停车场就通常把整个停车场分隔成多个不同标识的区域。

另一种是使用人工物品。人工物品是指不一定为虚拟环境一部分的物体，包括：地图和虚拟罗盘、指示方向的标志或轨迹等；已知大小的物体，如人形、树木或车辆，可以帮助估计虚拟环境中位置之间的距离和特殊物品；人工地标，既可以是很容易识别的独特物体，也可以是直观的寻路帮助。如图 4.6 所示，在谷歌街景程序中将街道名称叠加在街道的全景图像上作为一个寻路帮助。

图 4.6   谷歌街景程序

4.5.4   漫游

漫游是导航的运动组件，是改变用户视角或化身相对于世界坐标系的位置和方向的行为，是最基本的交互方式之一，几乎在所有虚拟环境中都存在。在虚拟环境中实现的漫游方法构成了行为框架。由于虚拟环境中没有物理限制，所以任何类型的运动都可以实现从 A 点到 B 点的瞬间传送。然而，这种运动方法在现实生活中并不存在，因此它普遍被某些其他运动方式所替代。

各种各样的视觉类似形式可以用来向用户传达漫游行为的感受。例如，步行或开车是最常用的形式之一。在这种情况下，通过调整虚拟环境中限制在地面上的运动和运动速度以产生用户的化身逐渐向目的地移动的印象。另一些运动形态，如虚拟摄像机的摆动，可以用来区分驾车和步行。飞行是另一个类似的漫游形式，到达目的地的方法依然是循序渐进的，同时视角不再受地表的限制，可以更自由地在虚拟空间中移动。

漫游形式的选择取决于虚拟现实系统场景。行走可能适合虚拟博物馆、FPS射击游戏机或战斗模拟器，而飞行显然用于飞行模拟器。在某些情况下，可以综合使用多种漫游形式，例如，在虚拟现实中较近的位置可以通过行走来到达，而较远的位置则可以通过传送来实现。

在虚拟现实系统交互设计中，漫游主要注意以下两点：

● 对运动施加的限制，在平面、网格或三维空间中自由移动。

● 完成动作所需的时间，如瞬移像传送，渐进就像行走和飞行。

4.5.5　漫游任务

在虚拟环境中，漫游包括几个不同的子任务。虚拟现实应用程序在执行这些任务的方法上有所不同。

开始和停止移动是最重要的漫游子任务，实现方法有两种。一是移动的开始和停止需要用户的明确指令，例如，按按钮或在某个方向移动控制器可以开始移动，松开按钮可以作为停止指令。二是在完成其他任务时自动开始和停止移动，即在选择了目的地后自动开始移动，在到达新位置时自动停止移动。有些虚拟环境可能使用一个持续的动作状态，只有动作的方向是由用户控制的，例如，在游戏中这是一种常用的游戏模式。

选择目标位置或运动方向是另一个典型的漫游子任务。此任务可以通过使用符号输入来解决，即从可能的漫游地点列表中选择所需的新地点，或虚拟地图上的一个地点。在这种情况下，用户不能直接控制运动的方向，只能直接控制漫游的终点。通过使用物理设备即输入设备，如方向盘或游戏控制器等，用户可以使用各种交互方式，如手势和触摸、凝视或头部定向，来直接控制运动方向。

还有一个漫游子任务是运动速度的控制，运动不是瞬时的，移动速度可以自动调整，即开始时逐渐加速，结束时逐渐减速，也可以由用户通过手势或物理设备进行控制。

4.6　选择和操作

选择和操作是两个相关的交互任务，是指用户对虚拟环境中各个元素的控制。选择意味着从虚拟环境当前存在的一组对象中指定一个或一组对象，标记之以供将来操作。操作意味着修改对象的属性，包括大小、位置、方向、比例、形状、颜色和纹理等。在虚拟环境中，用户可以通过选择和操作影响虚拟环境的内容。

在传统的第一人称 2D UI 中，选择方法遵循一个简单的规则。在二维空间中，视野中的所有对象都放置在同一平面中。不同对象与虚拟用户之间的距离保持相对恒定，即所有虚拟对象都在用户可触及的范围内。三维空间创造了一个全新的环境，三维空间中的对象在用户的视野中不是等距的，这导致了准确选择有一定的困难。

如果虚拟环境的设计符合真实世界的约束条件，则用户只能操作与其在虚拟空间中的当前位置距离一定范围内的对象。这样做的后果是牺牲虚拟世界的灵活性，因为用户不能立即与任何可见的对象交互。为了能够实现灵活性，用户要能在虚拟环境中自由移动，此时交互的一致性又成为一个新的问题。另外，虚拟环境可以设计成这样一种方式：用户可以在其视野内与任何虚拟对象交互，而不考虑距离，但此时又失去了从真实世界继承来的交互规则。

对比以下两种方法，可以通过综合不同方法的特点来解决这个问题。

（1）虚拟光线投射法。用户控制虚拟光线的方向，如果对象与光线相交，则选中该对象。这样，即使对象远离用户，也可以被选择。用户在进程操作的时候，其位置不必为了选择对象而改变。如图 4.7 所示，一个基于 HTC VIVE 室内交互的应用程序中，在手柄上投射出一条虚拟射线，所有和射线相交的二维和三维对象都可以被选择。

图 4.7　一个基于 HTC VIVE 室内交互的应用程序

（2）虚拟手法。用户需要靠近他要交互的对象，以便能够选择它们。在虚拟环境中，手由单独的化身表示。虚拟现实系统跟踪用户手的位置和方向，如果检测到对象与虚拟手之间的碰撞，则选择该对象。

此外，还有其他几个因素会影响用户在任意给定上下文中选择对象的能力，包括：物体的相对大小、区域内物体的杂乱或密度、是否被其他物体遮挡等。

4.7 系统控制

前面描述的任务都是处理用户与虚拟环境中对象的交互。导航是指根据虚拟环境中的对象更改用户的位置。选择和操作是指更改虚拟环境的特定对象或元素的属性。系统控制是指用户与虚拟环境作为一个整体进行交互。发出系统控制指令是为了更改系统状态、请求系统执行特定操作或更改交互模式。

虚拟现实系统采用多种不同的系统控制方法。最常用的一种方法是使用图形菜单，或者直接采用二维菜单系统，或者使用一些能更好利用三维空间的方案。语音指令及各种基于手势的系统也可用来实现系统控制。另外，一些应用系统使用了特定的工具，如虚拟工具或实际的真实对象来实现系统控制。如图4.8 所示，游戏系统使用真实的模型或者力反馈手套来实现交互控制。

图 4.8　虚拟射击游戏用户交互

4.8 图形菜单设计

图形菜单是实现系统控制与交互相对容易的方案。大多数用户和设计师都比较熟悉菜单，而且对这类用户界面的实践积累了大量的经验。然而，向沉浸式三维环境的过渡带来了实现菜单系统的新问题。

菜单的正确位置是最重要的问题之一，包括菜单在虚拟环境中的位置、应附着的坐标系等。目前，针对不同的虚拟现实系统提出了几个解决方案。在虚拟环境中，菜单可以自由放置在任何位置。对象引用菜单也采用了类似的方法，其中菜单被附加给虚拟环境中的特定对象。然而，这些方法的缺点是用户必须导航到虚拟环境中的特定位置才能访问菜单。这个问题可以通过使用头部调用、身体调用或设备调用的菜单放置方案来解决，其中菜单是根据用户自己的交互方式或系统预设来放置的，虽然调用非常方便，但主要缺点是随用户改变位置的菜单脱离了虚拟环境本身。

菜单系统的第二个大问题是菜单项的选择方式。在常用的基于鼠标的用户界面方案中，虚拟指针可以在二维空间中自由移动，但在三维空间中难以实现，因为在大多情况下虚拟现实系统没有足够的可用输入设备。因此，需要考虑更受约束的解决方案。

在设计用户界面的图形元素时，需要考虑图形元素的视觉表现形式，即形式、空间、结构等，尤其是二维图形元素在三维环境中的集成。如图 4.9 所示，图形菜单在虚拟环境集成中需要考虑合适的位置和视角等影响因素。此外，还需要考虑菜单的层次结构、菜单树的深度、项目是否根据某种功能或语义标准分组、系统上下文敏感度等。

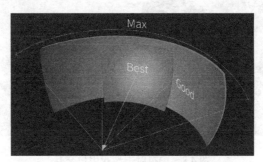

图 4.9　图形菜单

4.9　语音指令

基于语音识别的输入方案一直被认为是沉浸式虚拟环境输入系统的最佳选择，然而，经过多年的实践，发现其存在不少问题。基于语音的指令需要语音识别引擎，该引擎由两部分组成：一是能够识别个别口语的特定声音形式；二是更重要的，负责解释口语句子的实际意义。前一个即单词的识别，已经不再是当前技术水平下的一个大问题；然而后一个即语义分析，仍然存在诸多的问题。

另一个问题是这个方案给用户带来的负担。发出口头指令似乎很自然，但它需要言语表达，这是一个复杂的心理过程，比发出简单的运动指令（如单击鼠标或按下按钮）需要更多的时间和精力。在日常生活中，人们倾向于认为表达需要有意识的思考，是对试图达到目标的一种心理过程的认同，是为达到这一目标而采用方法的选择。言语化是以特定的句法形式表达思想的一个独立的过程。发声是将言语化的思想转化为口语听觉形式的另一个独立过程。这一事实在完成众所周知和精心排练的手工日常任务时最为明显。言语和发声都会带来额外的不必要的认知负荷。因此，语音指令有时候反而会阻碍日常工作流程。

此外，基于语音的虚拟现实系统通过使用人类的音频感知来实现，用户看不到。因此，这样的虚拟现实系统很难将其放到视觉环境中。

4.10　手势指令

手势指令是最早用来实现交互的方法之一。其灵感来源于手语、哑剧表演或工具的操作。近年来，随着 Kinect 或 Wii Mote 等商用运动跟踪设备的出现，手势指令再次受到欢迎。其中一些方案依赖于专用的输入硬件，如数据手套或动作捕捉装置。

实现手势指令输入有两种方法。一种方法是使用动态手势，即及时跟踪用户手的移动，以确定输入指令；主要缺点是在系统识别手势并执行指令前，需要用户完成手势运动，体现为系统的滞后。另一种方法是使用静态姿势来表示不同的用户指令，虽解决了前一种方法的问题，但姿势不如手势那么直观。

4.11　交互工具

虚拟现实的交互工具可分为两种：真实工具或虚拟工具。

　　真实工具可以是实际的工具，也可以是虚拟现实跟踪的道具，其位置和方向用作系统的输入。另外，特殊的输入设备也可以充当工具，例如，在"烹饪妈妈"游戏中使用 Wii Mote 来模拟炊具的动作，真实工具在虚拟环境中具有图形表示。

　　与此相反，某些虚拟现实系统使用虚拟工具，即纯虚拟对象在虚拟环境中充当工具，与任何特定的物理对象都没有直接的对应关系。虚拟工具由标准输入设备控制，同一个输入设备被系统用于多种不同的交互模式。

4.12　多模式用户界面

　　多模式用户界面方法在一个系统中组合了多种类型的用户控件。例如，语音指令与手势指令相结合，虚拟工具与图形菜单系统相结合。现实生活中，用户与他人或物体的互动通常是多模态的。因此，多模式联运方法非常符合人性，其优点之一是不影响主要行动。例如，汽车 GPS 导航系统是图形菜单系统和语音输出反馈的组合，当司机专心驾驶时，语音输出可以避免司机低头看导航地图。另外，还有灵活性和互补性等优点。而且，多模态允许有效集中注意力。简单的重复性任务可以依赖肌肉记忆，而更复杂的任务可以通过集中注意力来完成。

4.13　符号输入

　　在许多应用场景中，与虚拟环境的交互需要以符号形式输入数据，如登录信息、指定字符或化身名称等。因此，虚拟现实系统需要提供以文本或数字形式输入数据的方法，来适应某种符号输入方法。

　　在大多情况下，符号数据仅在用户与系统交互期间偶尔需要，如在每个会话开始时或在虚拟环境的初始会话期间。因此，符号输入通常仅构成虚拟现实系统提供的二次输入方法。作为与虚拟环境交互的主要手段的输入设备决定了二次输入方法的选择，因为仅为这一相对少见的任务提供特殊输入设备的可能性很小。额外的输入设备给系统增加了不必要的复杂性，使用户在学习操作模式的同时负担额外的任务，并且可能进一步影响系统的成本。如果符号输入是二次输入，则需要用户学习额外的交互模式。

　　请求符号输入往往会在虚拟环境中产生中断。在输入很少请求符号的情况下，可以容忍用户体验质量的一些降低，即使用不太直观的文本输入也可以接受，如在许多游戏机系统上实现的通过游戏控制器循环字母的文本输入方法。然而，参考其他方式获取相同信息的可能性通常更有效。在设计虚拟现实系统的符号交互时，可以采用以下几种方法：

- 物理设备，如实际键盘；
- 虚拟键盘，如虚拟设备上使用的键盘或 Wii Mote 控制的虚拟键盘等；
- 基于手势的技术；
- 语音识别。

　　语音识别作为虚拟现实系统的一种输入方法经常会出现问题，因为它需要对用户的指令进行描述，并结合上下文解释其含义。在只需要提供短文本序列（如名称或登录信息），上下文联系足够明确且定义良好的情况下，可以成功实现准确输入，但语音识别特别是中文语音识别的准确性问题还需要不断完善。

第5章 输入系统及运动跟踪

本章主要介绍虚拟现实系统的输入设备。首先介绍通用输入设备的一般属性，以及专门为与虚拟环境交互而设计的输入设备，如数据手套。其次介绍运动跟踪，这是实现身临其境交互的虚拟环境必要的组成部分，包括运动跟踪的基本原理和跟踪系统的一般特性，以及用于此完成运动跟踪的具体技术解决方案。最后讨论运动跟踪技术可以扩展到一个更复杂的运动捕捉问题。

5.1 输入设备

输入设备构成人机交互反馈回路的第一部分，是虚拟现实系统的一个重要组成部分，由用户直接操作。输入设备的目的是将用户的动作传送到系统中，以便对其进行解释。

从概念上讲，虚拟现实系统可以收集两种类型的用户输入。在谈到输入时，大多数人会想到一个活动的输入，或者用户有意识地做出决定而明确发出指令，如按下按钮、移动鼠标指针或在虚拟环境中选择对象。然而，真正的沉浸式交互系统可以利用被动的用户输入，这样的输入不是用户有意识的行为结果，它起源于用户与虚拟环境的一般互动。虚拟环境中的被动输入和由此产生动作的一个案例是当用户将其化身移动到虚拟环境的某个区域时由游戏触发的动作，如走进房间或踩到陷阱。在虚拟环境中花费的时间也可以作为被动输入，如在检测到用户长时间不活动时触发的操作。此外，一个真正的沉浸式交互系统可以跟踪如体温、出汗率或眼球运动频率等属性，并推断出用户的压力水平和疲劳程度等信息。区分用户的有意识行为和无意识行为有时可能只是通过一个问题。例如，考虑一个基于手势的输入系统，向特定方向挥手会导致虚拟环境中出现对应的动作，如滚动。虚拟现实系统需要能够区分代表发出指令意图的用户手的移动和意外移动。

5.1.1　输入反馈

人机交互是以反馈回路的形式完成交互循环的，用户需要通过反馈了解其操作的结果，但这种反馈可能相当复杂，而且通常是多模态的。与输入一样，通常只考虑主动反馈，即系统专门生成的反馈信息，这种反馈是通过输出设备呈现给用户的。

同样重要的还有来自输入设备本身的被动反馈。被动反馈的存在或缺乏可能对用户体验的质量产生重要影响。例如，按键盘上的物理按钮与按触摸屏上的虚拟按钮对按键力反馈的感觉，从功能上，这两个操作完成相同的任务，但是用户体验截然不同。即使两个输入设备共享相同的操作方法，构建的用户体验质量也会不同。例如，分别使用设计良好的游戏控制器与廉价的仿制品就能很好地感受到这种差异。

被动反馈通常在潜意识层面上被感知，因为它深深植根于人类记忆和习惯及思维中。例如，电梯按钮只是一个开关，它对电梯到达的时间不会产生影响，但人们通常认为，长时间按下按钮将使指令的执行速度更快。

有一些设备是在没有被动反馈的基础上开发的。例如，微软的 Kinect 和图 5.1所示的 Leap Motion 都是基于手势的输入系统，虽然没有被动反馈，但这并不会破坏它们的可用性。如果不能提供被动反馈，在设计包含此类设备的系统时就需要考虑到这一点，从而强调系统向用户提供主动反馈。

图 5.1　Leap Motion

5.1.2　与人有关的问题

许多输入设备需要与人体某些部位直接接触，这样的接触需要考虑几个与人有关的问题，如下所述。

首先，累赘感表示用户与输入设备进行交互而导致的身体不适程度。需要持续长时间接触的设备，需要绑在用户身上的设备，或者需要将人体的某些部位置于不舒服甚至不自然位置的设备都会带来累赘感，从而对用户体验的质量产生不利影响。例如，戴 HMD 总是会导致比观看屏幕更不舒服的头部体验，这是因为存在与身体的长时间直接接触。

其次，脱离时间是与输入设备相关的一个影响因素。用户需要在特定时刻与系统交互，经常执行与直接交互无关的操作，或者从一个输入设备切换到另一个设备。例如，脱离计算机键盘的时间是微不足道的，用户所做的努力只是手移开而已。相对地，脱离数据手套的时间则需要几十秒甚至更久，这给人带来的动作会复杂且烦琐。

最后，人类习惯于与真实世界中的物体进行实时交互，人类的潜意识期望看到行动的直接结果。但在人机交互中不总是这样，因为计算机系统有时需要较长的时间来解释用户的输入。这一过程称为输入延迟，它对用户与系统交互的质量有显著影响。如果没有执行操作，且在一段时间内没有得到任何反馈，用户则倾向于认为发出的指令失败了。通常，用户会重复这个指令，例如，可能会按多次按钮，或用更多的执行指令淹没已经很忙的系统，从而使系统不堪重负，甚至崩溃。

5.1.3　自由度

系统理论中的自由度（Degree of Freedom，DOF）表示描述系统状态所需的多个独立参数。当谈到输入设备时，自由度表示可以由设备直接控制的自变量。例如，标准计算机鼠标可以在平面上自由移动，因此，它有两个自由度，即在 x 和 y 轴上的平移。其他输入设备可以有更多的自由度。

如图 5.2 所示，三维空间中单个物体的自由运动具有对应于 x、y、z 轴的平移和旋转的 6 个自由度，同时跟踪多个点等于 6 个自由度以上。自由度并不总是与三维空间中的轴相关的。例如，数据手套，用户手上的每个关节的方向至少有一个单独的变量描述，从而需要创建一个额外的自由度，这种情况可以通过坐标系的嵌套来计算和表达。

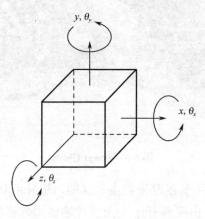

图 5.2　6 个自由度空间示意图

5.1.4　数据手套

数据手套是专为虚拟现实应用而设计的标志性输入设备之一，是一种用于捕捉用户手势的设备，能捕捉手的位置和方向及每个手指关节的方向。

最早的数据手套称为赛尔手套，是由芝加哥伊利诺伊大学电子可视化实验室于 1977 年制造的。1987 年，任天堂与美泰合作发布了 Power Glove，如图 5.3 所示，这是第一款针对家庭用户的游戏控制器。但这款产品当时并不成功，到 1990 年就退出市场了。有趣的是，Power Glove 在虚拟现实系统应用中获得了新生。2017 年，Teague 实验室把 Power Glove 改装成 HTC VIVE 的控制器。Teague 实验室给 Power Glove 增加了一块 Adreno Due 开发板，然后把它接在了 HTC VIVE 配套的控制器上。在工作时，HTC VIVE 控制器会提供位置追踪数据，而 Power Glove 负责追踪控制手势。

数据手套可以有超过 20 个自由度，其中 6 个自由度用于在三维空间中跟踪手的位置和方向，每个手指关节还可以有额外的自由度。目前，已有多个技术被应用于测量关节的方向，包括电磁器件、变形时改变其电性能的压电材料、超声波测量及各种光电方法，一些高端的数据手套模型甚至包括力反馈特性。

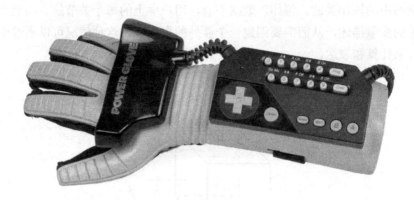

图 5.3　Power Glove

图 5.4 所示为数据手套跟踪采集点示意图，每只手套上有 18 个传感器，基本上每只手套的每个自由度都有 1 个角度传感器用来获取关节角度，除拇指外的 4 个手指的外展只用了 3 个角度传感器，用来测量它们的 3 个张开角度。多余的 1 个角度传感器用于测量手掌的弓形。

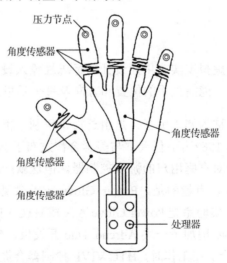

图 5.4　数据手套跟踪采集点示意图

从数据手套读取数据时，所读取的数据都是当前姿态下的每个指关节的一个 8 位模拟量（范围为 0~255），将其转换成角度的基本公式为

$$Angle=Gain\times(A/D\_value - Offset)$$

其中，Offset 是偏移量，Gain 是比例因子，这两个值都需要通过数据手套校正完成。

说明：因为人的手及数据手套变形较小，因此，对每个人只需要进行一次校正即可，以后可以多次重复使用。而在每次重新佩戴数据手套或传感器滑动时，都需要重新校正传感器。

5.2　运动跟踪

运动跟踪表示参照三维空间中的某个点跟踪对象的位置和方向的变化。运动跟踪是与许多虚拟现实交互任务相关的重要环节。跟踪的目标可以是用户的头、手、四肢或全身。在具有第一人称视角的系统中，头部跟踪通常与视窗方向和位置的控制有关。手和四肢的跟踪与对象操作和各种基于手势的用户界面解决方案有关。全身位置的跟踪与第三人称视角对虚拟环境中化身的位置和方向的控制相关，或者与第一人称视角中用户视野的位置和方向的控制相关。

5.2.1　跟踪器属性

虽然各种跟踪器利用了不同的技术方案，但都具有一些重要的共同属性。这些属性可用于评价每个跟踪系统的质量，包括：

- 分辨率，可由跟踪器检测到的物体位置或方向的分辨率或最小变化；
- 精度，表示被跟踪对象的实际位置与跟踪器报告的值之间的差异；
- 抖动，表示静态不可移动对象报告位置的变化；
- 延迟，表示对象的实际移动与跟踪器报告的更改之间的时间延迟；
- 漂移，增加的跟踪误差；
- 刷新率，跟踪器在一个单位时间内报告的测量数。

5.2.2　跟踪技术

根据使用的不同技术，跟踪器可大致分为两类：接触式跟踪器和非接触式跟踪器。接触式跟踪器需要被跟踪对象和设备之间有物理接触，由各种机械跟踪系统组成。相比之下，非接触式跟踪器能够在不需要直接接触的情况下远程跟踪物体，采用的技术包括电磁跟踪解决方案、基于超声波的声学跟踪器及光学或视频跟踪解决方案。基于微电子机械传感器（MEMS）的惯性跟踪装置在运动跟踪和类似任务中的应用近几年发展迅猛。

　　跟踪器使用的技术没有明显的优劣。各种混合系统试图采用相互补充的多个技术，这在近十年的各种消费级产品中被广泛应用。

5.2.3　机械跟踪器

　　机械跟踪器是一种机械臂运动结构，由电子传感器耦合的梁和关节组成。如图 5.5 所示，传感器测量臂的每个关节在 1 个轴上旋转，结构中的每个关节都有 1 个自由度。机械跟踪器相对于其他跟踪器的主要优点是具有很高的精度和分辨率，同时具有较低的延迟和抖动。此外，与非接触式跟踪器相比，机械跟踪器不受环境干扰，系统价格相对便宜且易于构建。

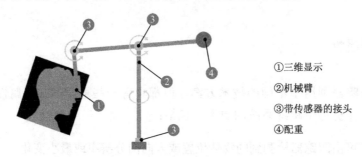

①三维显示
②机械臂
③带传感器的接头
④配重

图 5.5　机械跟踪器原理

　　然而，机械跟踪器也有一些重要的缺点，包括操作范围受到组件物理尺寸的限制；通过增加机械臂的组件可以增大工作范围，但是会损失精度和增加抖动；机械组件的存在会影响使用者的动作。

5.2.4　电磁跟踪器

　　非接触式跟踪器的设计是为了克服机械跟踪器工作范围的限制。电磁跟踪器就是其中一个典型的应用。

电磁跟踪器由发射器和接收器两部分组成。电磁跟踪器的两大分类取决于产生电磁脉冲的电流类型：交流电和直流电。这两种类型的电磁跟踪器有一些共同的特性：体积小，工作范围为 1～5m。与其他非接触式跟踪器不同，电磁跟踪器不需要在视线范围内工作，其精度随着发射器和接收器之间的距离增加而迅速下降，并且由于计算机需要对接收到的电磁信号进行滤波和处理，系统具有明显的延迟，同时电磁跟踪器还非常容易受到环境的干扰。电磁跟踪器的使用方法如图 5.6 所示。

（a）前面　　　　　　　　　　　（b）背面

图 5.6　电磁跟踪器的使用方法

1. 交流电磁跟踪器

交流电磁跟踪器利用交流电产生交流电磁信号，交流电的频率范围通常为 7～14kHz。发射器可以产生 3 个正交电磁场，接收器由 3 组线圈组成，其中电流由发射器磁场感应生成。交流电磁跟踪器使用两种方法来区分位置：一是时间复用法，即 3 个电磁场在不同时刻被激活来区分 3 组线圈位置；二是频率复用法，即使用不同频率的电磁场来实现区分。

交流电磁跟踪器的主要问题是易受环境影响，如电力线产生的电磁场或跟踪器自身的交流电在铁磁性物体中感应的电磁场等都会干扰跟踪器的工作。

2. 直流电磁跟踪器

直流电磁跟踪器使用静态磁场，从而可以避免环境干扰。直流电磁跟踪器使用直流感应的脉冲静态磁场，只能使用时间复用来区分线圈位置，有助于降低系统的整体延迟。

直流电磁跟踪器对电力线产生的磁场的干扰不太敏感，但会受到地球磁场的影响，需要测量永久背景磁场的强度并将其从跟踪器信号中去除。另外，环境中的铁磁性物体，如建筑结构中的钢铁或金属家具，都会使信号失真。

5.2.5　声学跟踪器

声学跟踪器是一种比较特别的跟踪器，使用超声波信号。与所有非接触式跟踪器一样，声学跟踪器由发射器和接收器组成。发射器是一组三个扬声器，以三角形排列，间隔30cm。接收器则是放置在被跟踪物体上的一组三个传声器，可能是HMD、立体眼镜、3D鼠标或任何类似设备的一部分。声学跟踪器的工作范围可达1.5m，其优点是相对较低的精度和分辨率，以及较大的延迟。基于这种跟踪方法的一个案例是罗技在20世纪90年代初推出的3D鼠标和头部跟踪器系统。声学跟踪器在虚拟现实系统中使用较少。

5.2.6　光学跟踪器

光学跟踪器是应用最广泛的运动跟踪器，因为它比其他非接触式跟踪器具有更多优点。光学跟踪器利用光学传感和图像处理实时确定物体在空间的位置和方向。大多数系统需要特殊的光学标记。近年来，无标记运动跟踪解决方案的发展取得了重大进展。标记可以是主动的，也可以是被动的。被动标记可以很容易识别附着在跟踪目标上的物体。主动标记是指可见光或红外线的光源。

光学跟踪器的主要优点是工作范围大、延迟小、更新率高、对电磁干扰免疫。光学跟踪器需要被跟踪物体在跟踪器视线范围内，因此，目标被遮挡是影响跟踪工作的主要问题。

光学跟踪器采用两个或多个摄像机类型的传感器分辨三维信息。它利用先进的模式识别技术跟踪跟踪点位置。在笛卡儿坐标系中，运动目标的质心瞬时位置可用3个线量（X、Y、Z）来确定，连续取得3个线量就可以求出它的运行轨道。

光学跟踪器通常用交会测量法和综合定向测量法测量。

1．交会测量法

光学跟踪器在靶场测量中采用前方交会测量法。在一条精密测量基线的两端各布置一个光学测量站，同时测量飞行器的方位角 α 和俯仰角 γ，得到两条方向线，再根据已知两测量站之间的距离 L，即可由球面三角函数关系求出飞行器质心位置的坐标。电影经纬仪和弹道照相机就是用这种方法进行测量的。

2．综合定向测量法

加装激光测距器的电影经纬仪和激光雷达使用综合定向测量法。为了提高可靠性和测量参数的精确度，往往采用多站测量。

如图 5.7 所示，部分光学运动跟踪系统通过两个以上的摄像机同时捕捉到一个光学标记点，因为摄像机的位置、坐标、镜头参数、成像位置等相关参数已知，所以可以推算出光学标记的坐标位置。为了保证运动中的对象总能被捕捉到，可以在运动跟踪空间内布置多台摄像机，以保证在同一时刻一个光学标记点总会被两个以上的摄像机捕捉到。

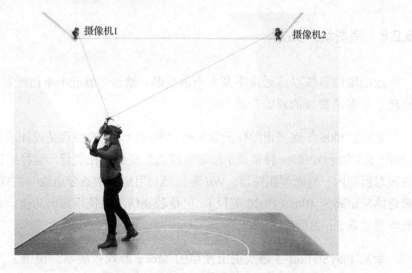

图 5.7　光学运动跟踪系统

5.2.7 惯性跟踪器

惯性跟踪器是一种小型的独立传感器，能够用来测量物体位置和方向的变化；主要利用微电子机械系统技术，包括测量线性加速度的加速计和测量物体在三维空间的径向加速度的陀螺仪。

由于体积小、价格低，惯性跟踪器已经成为许多消费设备的一部分，其包括游戏控制器、平板电脑和智能手机。

惯性跟踪器利用惯性元件（加速度计）来测量运载体本身的加速度，经过积分和计算得到速度和位置，从而达到对运载体跟踪定位的目的。组成惯性跟踪系统的设备都安装在运载体内，惯性跟踪系统工作时不依赖外界信息，也不向外界辐射能量，不易受到干扰，是一种自主式跟踪系统，通常由惯性测量装置、计算机、控制显示器等组成，按照惯性测量单元在运载体上的安装方式可分为平台式惯性跟踪系统（惯性测量单元安装在惯性平台的台体上）和捷联式惯性跟踪系统（惯性测量单元直接安装在运载体上）。其中，后者省去平台，仪表工作条件不佳（影响精度），计算工作量大。

5.2.8 消费级产品

运动跟踪系统以前通常不是大众消费品，然而，最近十年已经发生了改变，出现了很多消费级的跟踪产品。

Wii 是 2006 年底推出的任天堂第七代游戏机，主要特点是设计了 Wii 遥控器（如图 5.8 所示），即一种集成了运动跟踪的新型游戏控制器。这种装置结合了惯性跟踪器和内—外光学跟踪器。Wii 遥控器利用短频的蓝牙电波与游戏主机连接，最远感应距离为 10m（约 30 英尺）。但是若要精准地使用指向功能，必须在距离光学感应条 5m 内使用。

索尼 PlayStation 3 游戏机上使用的 Move 游戏控制器，使用了光学跟踪器和惯性跟踪器类似的组合，但是其系统的工作原理正好相反。游戏控制器配有发光的 LED 标记，使用 PlayStation Eye（一种固定摄像机，如图 5.9 所示）跟踪标记的位置。标记的颜色可以改变，以确保在不同的照明条件下能够正确识别。该光学跟踪系统的输出会与从一组三个加速度计和陀螺仪接收到的信息相结合。

图 5.8 Wii 遥控器

图 5.9 索尼的 PlayStation Eye

微软 Kinect 使用纯光学运动跟踪技术。其系统使用红外激光将一个不可见的图案投射到被跟踪的物体上，红外摄像机捕捉图像。系统能够根据投影到物体表面的图形的失真程度对场景进行三维重建。除这些略显专业的跟踪系统外，目前大多数可用的智能手机和平板电脑都配备了惯性加速度传感器。

5.3 运动捕捉

运动跟踪实时跟踪三维空间中单个物体位置和方向的变化，运动捕捉是这个概念的延伸。运动捕捉同时跟踪多个点的位置和方向的变化，以确定整个人体的姿态。运动捕捉可以用作与虚拟环境交互的输入，即姿态或姿态控制。在电影和视频游戏行业中，运动捕捉常用于创建逼真的角色动画。然而，大多数运动捕捉系统都基于与运动跟踪技术相同的原理。适合运动捕捉任务的运动跟踪技术包括机械、电磁、光学和惯性方法。运动捕捉并不是运动跟踪的简单扩展，简单地试图同时跟踪多个目标可能会给跟踪技术带来新的问题。

捕捉人体姿势对现有技术来说仍然是一道难题。人体是一个非常复杂的几何结构，有多个关节运动部件。自然发生的遮挡是光学跟踪系统的主要问题。

人体解剖学知识可以帮助建立运动捕捉系统。与特定身体部位（如关节和四肢）相关联的跟踪目标不能完全自由和相互独立地移动，它们受到人体的限制。这经常被运动捕捉系统用来简化运动捕捉过程并解决某些问题，如遮挡。如图 5.10 所示的蹦床运动捕捉，根据这种关联的坐标体系，一个暂时消失在镜头视野之内的手并不会失去定位，系统可以预知手的位置，手只是暂时被身体的其他部分挡住了。通过更多的摄像机从多角度进行运动捕捉，可以更好地解决这一问题。

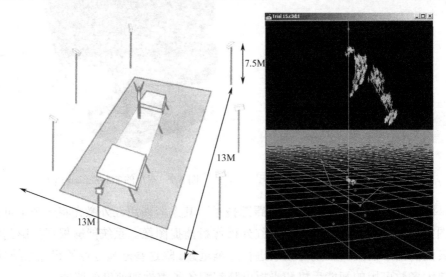

图 5.10　蹦床运动捕捉

5.4　人脸识别

人脸识别是一种常见的运动跟踪和运动捕捉的应用。人脸识别系统基本上都是光学系统。与人脸识别密切相关的问题包括二维人脸识别、三维人脸识别、表情捕捉。

二维人脸识别是指在垂直于摄像机视线的二维平面上跟踪人脸的位置。Viola Jones 人脸识别器作为开放源代码库 OpenCV 的一部分，是一个高效而健壮的二维人脸识别器。这种系统和类似系统的局限性在于，跟踪对象需要面对摄像机。

　　人脸在三维空间中的位置和方向跟踪是一个比较复杂的问题。为了完成这项任务，已经出现了多个多摄像机和单摄像机解决方案。这些解决方案大多利用已知的人脸解剖特征，使三维跟踪的任务更容易。从原理上讲，它们使用一个预先定义好的三维人脸模型，试图确定人脸的方向，使其与从摄像机捕捉到的图像相匹配。人脸识别的精确几何结构取决于表达式，但会产生另一些问题。

　　表情捕捉在电影和视频游戏行业用于角色动画建模工作。大多数的表情捕捉系统使用单摄像机，需要某种被动的视觉标记。最近开始出现了多个无标记的解决方案。如图 5.11 所示，表情捕捉系统使用的是预定义的人脸模型，该模型可以作为基础框架进行操作和动态修改。

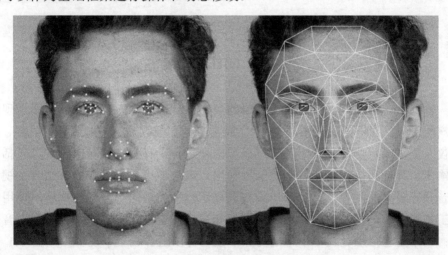

图 5.11　表情捕捉系统

　　目前，人脸识别系统暂时没有用于虚拟现实系统输入，但是这些丰富的数据捕捉与输入设备，为虚拟现实系统输入提供了非常广阔的想象空间。

第 6 章 输出系统

本章将着重介绍虚拟现实系统所使用的输出系统。首先介绍虚拟现实系统输出设备的一般特征、输出的多种形式；然后介绍各种视频显示技术，它们构成了二维和三维视频显示的基础；最后介绍虚拟现实系统的三维显示设备、音频输出设备、耳机和扬声器，以及触觉和力反馈装置。

6.1 输出设备

输出设备构成人机交互反馈回路的第二部分，是将人工生成的刺激呈现给用户的手段。在日常表述中，"显示"通常等同于视频显示，如计算机屏幕、投影仪、立体显示器等。然而，这个概念同样适合所有类型的输出设备，包括音频输出、耳机和扬声器，特别是触觉输出。虚拟环境是多模式的，结合了视频和音频等多方面内容。单个输出设备只显示一种类型的刺激。虚拟环境使用的人工刺激主要是视觉方面的，包括图像和视频；也包括音频，如音乐和声音效果；偶尔还包括触觉。多个不同的显示设备可以组合成一个设备，如图 6.1 所示，薄膜场效应晶体管（Thin Film Transistor，TFT）液晶显示器和耳机共同构成 HMD。此外，输出设备可以与输入设备组合，例如，触摸屏是与触觉输入设备相结合的视频显示器。

6.1.1 视频显示器的特性

视频显示器旨在显示计算机生成的或预先录制的图像和视频，其颜色和帧速率均由人类视觉系统的特性决定。

现代显示器是基于光栅的设备。图像由在一个矩阵上的动态元素组成，称之为像素。每个像素的光强度和颜色都可以被控制。

不同的显示类型有一些共同的属性。这些属性包括 2D/3D 显示器共同的图像和视频属性，如分辨率（显示器的垂直轴和水平轴上的像素数）、亮度、对比度和色域，或者屏幕可以显示的颜色范围。除此之外，像素延迟也是视频显示器的一个重要特性。

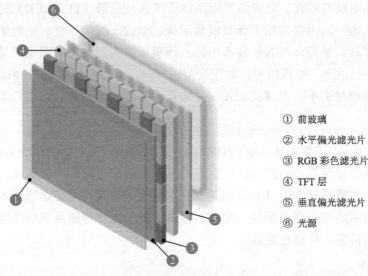

① 前玻璃
② 水平偏光滤光片
③ RGB 彩色滤光片
④ TFT 层
⑤ 垂直偏光滤光片
⑥ 光源

图 6.1　薄膜场效应晶体管液晶显示器

6.1.2　视频显示器的类型

根据不同的标准，可以对视频显示器进行不同的分类。视频设备可以是沉浸式的或非沉浸式的。沉浸式视频设备将用户放置在场景的中心，而非沉浸式视频设备将用户放置在场景之外。CAVE 系统和 IMAX 影院是典型的沉浸式显示系统。

视频显示器可以是二维的，如标准计算机显示器、大多数移动设备上的屏幕、电视等；也可以是三维的，如基于眼镜的立体显示器、HMD 或自动立体显示设备。后续将讨论几种常见的二维显示技术，它们是大多数二维和三维显示的基础。此外，还将讨论作为特定类型的立体显示设备的主动和被动立体眼镜，以及自动立体显示、头戴显示和虚拟视网膜显示等立体显示设备。

6.1.3　显示技术

目前正在使用的显示技术包括薄膜场效应晶体管、等离子显示面板、有机发光二极管和阴极射线管。薄膜场效应晶体管液晶显示器（TFT LCD）是应用最广泛的技术之一，主要应用于计算机显示器、电视、智能手机、平板电脑上不同尺寸的屏幕。然而，与其他技术相比，薄膜场效应晶体管的图像质量相对较差；在阳光直射下，亮度很差；对比度范围有限；而像素延迟在 1～8ms，相对较高，视角相对更小。但薄膜场效应晶体管液晶显示器重量轻，生产成本相对较低。

如图 6.2 所示，等离子显示器（PDP）由一系列充满电离气体的小腔室组成。这项技术提供了比薄膜场效应晶体管更好的颜色范围和更宽的可视角度，对比度范围更大，像素延迟小于 1ms。但是，相对较大的像素尺寸使这项技术更适合电视和大显示屏等大型显示器。此外，等离子显示器比薄膜场效应晶体管液晶显示器要重得多，价格也更高。

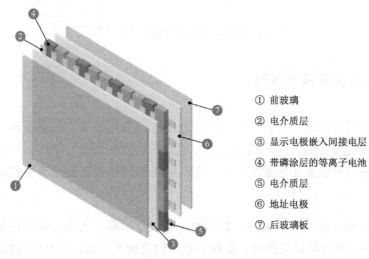

① 前玻璃
② 电介质层
③ 显示电极嵌入间接电层
④ 带磷涂层的等离子电池
⑤ 电介质层
⑥ 地址电极
⑦ 后玻璃板

图 6.2　等离子显示器

如图 6.3 所示，有机电子发光二极管（OLED）显示器利用有机电致发光分子形成图像，是目前最新的技术之一。它提供了最佳的图像质量，以及最大的对比度和高视角，缺点是在阳光直射下亮度稍差。此外，有机化合物在 OLED 器件中的应用受到紫外光的影响，限制了 OLED 技术在户外的应用。OLED 对蓝色特别敏感，降解速度比其他颜色快。与其他显示技术相比，OLED 设备的生产成本最高。玻璃全息屏幕和透明电视等使用的就是 OLED 技术。

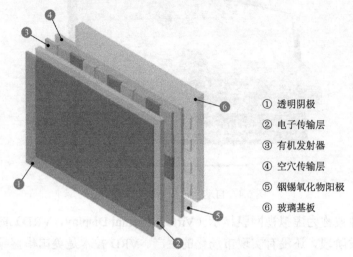

① 透明阴极

② 电子传输层

③ 有机发射器

④ 空穴传输层

⑤ 铟锡氧化物阳极

⑥ 玻璃基板

图 6.3　有机电子发光二极管显示器

阴极射线管（CRT）是 20 世纪中期遗留下来的技术。与其他设备相比，CRT 设备的特点是体积庞大。CRT 与其他技术相比仍有一定的优势，其中最重要的是亮度好。但是，CRT 设备没有分辨率，因此不需要使用软件对较小图像进行放大。现在，CRT 设备在虚拟现实系统中已经很少被使用了。

6.2　立体显示器

立体显示器通常被称为 3D 显示器，利用人类双目视觉的特点，即通过左眼和右眼分别呈现两幅不同的图像来创造出景深或三维存在的幻觉。左、右眼图像在视角上有轻微的偏移，分别针对人不同眼睛看对象的视角。人脑将这些图像结合起来，提取出所显示场景的深度信息。立体显示器的类型较多。需要使用特殊眼镜的立体屏幕是最常见的消费级设备，如早期的红蓝光滤镜和偏振光眼镜。HMD 是另一种相关的消费级设备。如图 6.4 所示，不需要使用专用头盔的自动立体显示器是一种新兴技术，市场上有多家设备厂商推出了消费级的相关产品。

图 6.4　自动立体显示器

此外，一种被称为虚拟视网膜显示（Virtual Retinal Display，VRD）的实验技术正处于研发阶段，还没有实现市场化的生产。VRD 技术是美国华盛顿大学人机界面技术实验室研究的成果。VRD 设备可以通过人的瞳孔把编码的光传送到视网膜上，从而使用户看到高质量的图像，它不需要任何显示屏，而是让人的眼睛来完成平板矩阵阵列执行的功能。

6.2.1　立体显示系统的眼镜

立体显示系统通过向左眼和右眼呈现两个稍有不同的图像来产生深度知觉，需要确保每只眼睛在任何给定时刻都只能看到对应的图像。某些立体显示系统依赖于使用专门的眼镜来确保这一点。

基于眼镜的立体显示系统可分为以下两类：

- 使用主动快门眼镜的主动系统；
- 使用带有偏振滤光片或滤色片的玻璃来阻挡一幅图像的被动系统。

1. 主动快门眼镜

主动快门眼镜的立体显示系统按顺序显示左眼和右眼的图像。有源玻璃是一种电子设备，通电可以改变其光学特性，使其从完全透明到完全不透明，从而允许或阻挡一只眼睛的视线。主动快门眼镜与显示屏内容同步，依次阻挡一只眼睛的视图，确保左、右眼只能看到对应的图像。这种过程非常迅速，以至于大脑无法察觉。人类的视觉系统获得的结果是两只眼睛从稍微不同的角度看同一个三维场景。

图 6.5 所示为充电式主动快门眼镜。多家电子制造商都提供这种设备，如松下、索尼和三星。但是，主动快门眼镜也有缺点：像所有头戴设备一样，这些设备会对用户造成不便；主动快门式玻璃的重量较大，它需要结合电源和同步电子设备；眼镜的闪烁很明显，给使用者带来不适；一只眼睛的一半时间内视图被遮挡，与普通显示器相比，这种眼镜只允许一半的光线到达眼睛，显示器的亮度会减半。此外，有源玻璃价格昂贵，同步系统相对复杂。

图 6.5　充电式主动快门眼镜

2. 偏振滤光显示器

与主动快门眼镜不同，偏振滤光显示器使用的是无源玻璃。偏振滤光系统在一个屏幕上同时显示左眼和右眼图像。两幅图像用偏振滤波器叠加。用户需要佩戴一副眼镜，眼镜的每个镜片都是不同的偏振滤光片。偏振滤光片可以让相同偏振的光通过并阻挡相反偏振的光。这样，每只眼睛只能看到对应的图像。

偏振三维投影的第一次应用始于 1890 年，直到 1932 年 Land 发明了塑料偏振滤光片之后，偏振滤光片才得以广泛应用。

无源眼镜不需要电源或与显示器同步，价格便宜，容易生产。此外，由于两个图像同时显示，所以这种系统没有闪烁。但是，偏振滤光显示器需要更高分辨率。与有源眼镜相比，偏振滤光显示器的另一个主要缺点是视角小得多。

如图 6.6 所示，电影院使用的 3D 电影播放解决方案主要基于偏振滤光显示器。

图 6.6　偏振滤光眼镜

3. 红蓝滤光三维显示

红蓝滤光三维显示是最古老的三维图像技术之一，可以追溯到 1852 年。其系统利用颜色编码分离的左眼图像和右眼图像，两个图像同时显示在一个屏幕上。左眼图像和右眼图像使用不同的颜色进行编码。眼镜的每个镜片都是滤色片，如图 6.7 所示。滤色片在允许一个图像显示的同时阻挡了另一个图像显示，从而实现立体显示，红色和蓝色是滤色片最常用的颜色。

滤色片价格便宜，生产容易，不需要任何同步方法，也不存在任何闪烁。与基于偏振光的系统不同，红蓝滤光三维显示不需要更高的显示分辨率。但是，由于信息是使用颜色编码的，所以存在显著的颜色失真。

图 6.7　红蓝滤光眼镜

6.2.2 HMD

HMD 是戴在用户头上的设备。有时 HMD 可以集成到头盔中。第一个真正的 HMD 是由 Sproull 和苏泽兰在 1968 年开发的。HMD 可以是沉浸式的,也可以是非沉浸式的。沉浸式 HMD 完全阻挡了用户的视野,适合虚拟现实系统;非沉浸式 HMD 不完全阻挡用户的真实视野,更适合增强现实系统。如图 6.8 所示,集成在飞行员头盔中的抬头显示器和谷歌眼镜都属于增强现实 HMD。

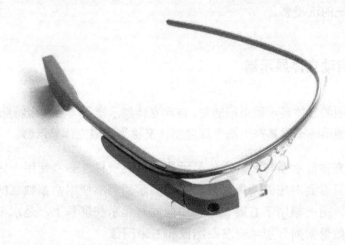

图 6.8 谷歌眼镜

HMD 可以使用两个单独的屏幕或一个屏幕来显示左眼图像和右眼图像。单屏幕设备并排显示两个图像,制作成本相对较低,但需要一些光学分割来确保每只眼睛只能看到对应的图像。

HMD 通常会结合一些头部跟踪方法,以便能够根据用户视图的方向调整渲染场景,但跟踪器和显示器之间的延迟会导致用户体验感下降。此外,HMD 的重量和佩戴舒适性也是其面对的重要问题。设备的重量是一个特别重要的人机工程学问题,因为其限制了系统的可用性。目前,HMD 的市场占有率有限。Oculus Rift 是一个针对游戏和电子娱乐行业的 HMD 新产品,体验效果较好。

6.2.3 CAVE 系统

前面介绍的 CAVE 主要是指洞穴式自动虚拟环境。CAVE 系统可以使用立体眼镜实现三维沉浸效果，也可以不使用眼镜。虚拟现实系统的 CAVE 显示方案被视为 HMD 的有效替代，目前主要的限制条件是相对高昂的造价。另外，CAVE 系统不方便移动，比较适合特种影院类应用。目前，市场上的球幕影院、飞行影院等可以认为是 CAVE 系统的简化版本，配合互动设备可以较好地提高CAVE 系统的沉浸感。

6.2.4 自动立体显示器

与前面的立体显示器不同的是，自动立体显示器不需要使用特殊的头戴设备，能够单独使用一个屏幕产生场景深度感，又称为裸眼立体显示器。

自动立体显示器与所有立体显示器的情况一样，必须使用一定方法来确保左、右眼只看到对应的图像。自动立体显示器仍然使用两幅独立的图像，一幅用于左眼，另一幅用于右眼。两幅图像同时显示在屏幕上，是水平交错的，即奇数和偶数像素列分别对应左眼图像和右眼图像。

如图 6.9 所示，视差屏障显示器使用放置在液晶显示器前面的物理屏障。这个屏障包含一系列垂直的狭缝，这些狭缝精确地放置在允许每只眼睛看到一组不同的像素的位置上。1901 年，弗雷德里克·艾夫斯第一次使用视差屏障来产生图像深度感。视差屏障法的主要缺点是视角非常窄。只有当用户从一个特定的点观看屏幕时，深度感才会出现。

柱面透镜显示器是在视差屏障显示器中发现的简单狭缝和条带的基础上做的进一步研究，允许更大视角的柱面透镜阵列。这一方法是沃尔特·赫斯在 1912年发现的。这一概念在 20 世纪 90 年代中期被飞利浦用于制造立体液晶显示器。

除有限的视角外，自动立体显示器无法再现视差运动。视差运动是一种视觉效果，即当观察者平行于屏幕移动时，场景的视图会发生变化。为了解决这个问题，多视图自动立体显示器采用额外的图像通道，这些额外频道同时水平交错显示，其缺点是水平屏幕分辨率急剧下降。

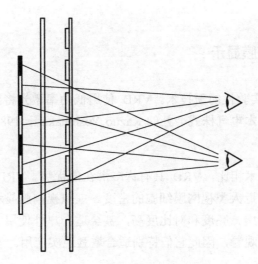

图 6.9　视差屏障显示器原理

　　如图 6.10 所示，3DS 是任天堂在 2011 年推出的一款便携式游戏机，是一个配备自动立体显示器的设备。这是一个单用户移动设备，窄视角的问题不那么突出，使自动立体显示器开始进入实用阶段。

图 6.10　任天堂 3DS 游戏机

6.2.5 虚拟视网膜显示

VRD 是一个实验性的新技术。VRD 使用低功率激光将图像直接投射到用户的视网膜上。日本电气株式会社的 Kazuo Yoshinaka 于 1986 年开发出第一个此类设备。

与其他显示技术相比，VRD 具有许多潜在的优势。VRD 装置可能达到的理论分辨率可以接近人类视网膜细胞的密度。虚拟视网膜显示器有一个非常大的视角，颜色范围广，亮度和对比度高，甚至适合户外使用。此外，它们的设计不会妨碍用户的观看，因此它们特别适合增强现实应用。

然而，将光线直接应用于眼部组织仍然存在很大的健康问题，特别是长期暴露于低功率激光束下对眼镜健康的影响还没有得到医学的评估，因此该技术一直没能用于商业应用。

如图 6.11 所示，2014 年可穿戴厂商 Avegant 推出的 Glyph 头戴设备定位为一款个人移动影院，号称"视网膜就是显示屏"。Glyph 采用 VRD 技术，用户最终看到的是一小块矩形显示区域，就好像用户在一家小型影院里通过电影放映窗看电影。

图 6.11　采用 VRD 技术的 Glyph 头戴设备

6.3 音频显示

音频显示是指能够在人类听觉范围内再现预先录制或人工生成的声音。音频设备主要有扬声器和耳机两种类型。虚拟现实系统中要使用的音频设备类型主要取决于所使用的场景。

扬声器本质上适合多个用户需要听到相同音频的场景。与耳机相比,扬声器具有更好的用户移动性和更少的用户负担,因为用户可以在设备的操作范围内自由漫游,而且设备不与用户身体接触。为了覆盖人类能听到的全部频率范围,扬声器系统通常采用多个扬声器来产生不同频率范围的声音。

此外,扬声器系统还依靠各种环绕声标准来增强用户体验。环绕声是一种在用户区域周围放置不同扬声器添加单独音频通道的技术,有用于家庭影院设置的 5.1 和 6.1 标准及用于电影院的 10.2 标准。多扬声器系统的主要缺点是存在扬声器之间的小聚焦区域,此处可以按预期听到所有音频信道,但其他区域的效果就会下降。这个聚焦区域可以动态调整,以匹配用户相对于扬声器系统的位置。

相比之下,耳机更适合需要为每个用户提供个性化音频的场景。耳机有更好的便携性,能有效地屏蔽环境噪声。使用耳机更容易实现三维音频空间化。

除这些成熟的设备类型外,三维音频空间化的研究还在不断深入。波场合成就是一个实验性的新技术。

6.4 波场合成

波场合成(Wave Field Synthesis,WFS)是一种能够生成真实的虚拟声环境的三维音频绘制技术,依靠 Christian Huygens(1629-1695)于 1678 年提出的"惠更斯原理"产生人工声波波前。根据这个原理,波前可以近似为大量基本球面波的叠加。如图 6.12 所示,WFS 系统使用大量的小扬声器阵列来重建任意的声波波前,以这种方式生成的声音可以显示为由放置在环境中任何位置的虚拟声源生成的声音。WFS 技术不依赖于用户的位置,因此,对用户位置和方位的跟踪是不必要的。

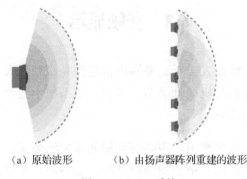

（a）原始波形　　　　（b）由扬声器阵列重建的波形

图 6.12　WFS 系统

　　WFS 技术的应用主要受到高成本和众多技术问题限制。此外，WFS 系统对其工作环境的声学特性非常敏感。

6.5　触觉反馈

　　触觉在虚拟现实系统中也称为触觉反馈，代表人类皮肤表面触觉的人工刺激。触觉反馈并不是所有虚拟现实系统的标准特性，因此没有既定的标准。

　　触觉反馈有多种形式，其中最简单的形式是手机和游戏控制器中的振动。第一代设备使用振动电机，只能控制振动的频率和振幅。第二代设备使用电活性聚合物、压电、静电和亚音速音频，能够模拟振动源的任意位置。然而，它们仍然只能提供有限的触觉范围。第三代设备提供可定制的触觉效果，使用音频驱动或静电技术。如图 6.13 所示，气压式触觉反馈手套根据人手不同部位的敏感程度分配大小不一的空气室，较小、较密集的空气室能提供细小的触觉反馈，通过手套向对应的空气室施以不同的压力可以为人的手创造触摸到虚拟环境中物体的反馈。

　　触觉反馈的一个典型案例是视觉障碍的人使用的可刷新的盲文显示器或盲文终端，这些触觉显示器可以利用引脚执行器生成盲文符号。触觉反馈也可以是输入设备的一部分，某些型号的数据手套配有放置在指尖的液压气囊执行器或气动执行器。

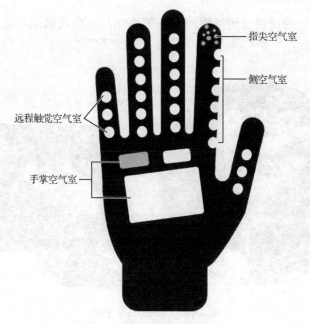

指尖空气室

侧空气室

远程触觉空气室

手掌空气室

图 6.13　气压式触觉反馈手套

6.6　力反馈

力反馈是对人体四肢包括手臂、腿，特别是手和手指，所受力的人工感觉。力反馈装置向用户提供本体刺激。本体感觉分散在整个人体，涉及肌肉、皮肤和关节中的多种感觉受体。目前，没有一个接口可以与一些通用力反馈装置连接来提供完整的人工刺激，从而传达整体的运动感。这样的装置要么必须对人体的每一部分施加外力，要么必须涉及某种类型的脑机接口，该接口将完全绕过感觉装置，直接向大脑提供人工刺激。这两种方法都超出了当前成熟的技术范畴。因此，所有现有的力反馈装置都具有非常有限的范围，仅对人体的某些部位（如指尖、手等）提供本体刺激。

触觉反馈和力反馈常常结合在一起使用，以提供对虚拟物体的抓取和处理的真实感。这种反馈对许多应用都非常重要，如遥感、远程操作和各种医疗应用，特别是远程手术。军用车辆模拟器和飞行模拟器通常采用真实的力反馈和输入设备，如车辆方向盘等。除此之外，其他输入设备可能也包含力反馈。例如，某些数据手套配有力反馈和触觉反馈装置，图 6.14 所示的 CyberGrasp 系统通过触觉反馈、力反馈及运动跟踪设备的协作，完成在虚拟环境中拧螺丝钉这样的精细动作。

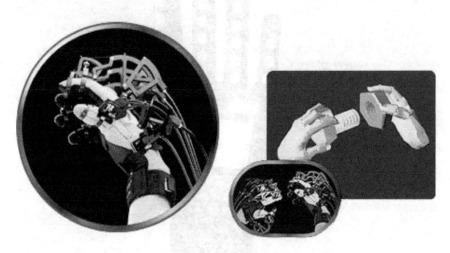

图 6.14　CyberGrasp 系统

第7章 虚拟现实系统开发环境

本章主要介绍现阶段虚拟现实系统开发所需要具备的网络及软硬件。先讨论 5G 技术对虚拟现实技术的影响，并着重介绍虚拟现实系统开发的主要软件环境及工具，再探讨虚拟现实系统开发的主要问题。

7.1 5G 概述

5G 原名第五代移动通信技术，为虚拟现实系统的开发带来了良好的条件。5G 性能目标是高数据速率、减少延迟、节省能源、降低成本、提高系统容量和大规模设备连接。与 4G 相比，5G 网速会有近百倍的提升，相同的文件下载时间只需要原来的 1/1000，对于虚拟现实所需的 8K 视频和实时交互及场景渲染基本能做到"0 延迟"。配合云渲染技术，5G 将极大降低设备显卡对虚拟现实显示输出的限制。

5G 的发展来自移动数据日益增长的需求，移动数据暴涨使原始网络能耗骤增，单位比特成本难以承受，为此 ITU 为 5G 定义了 eMBB（增强移动带宽，主要是针对 4K/8K 超高清电视、全息技术、虚拟现实、增强现实等应用，对网络带宽要求比较高）、mMTC（海量机器通信，海量的物联网传感器部署在测量、建筑、农业、智慧城市等领域，规模庞大，对时延和移动性要求不高）、uRLLC（超高可靠超低时延通信，主要应用于无人驾驶、车联网、自动工厂，要求低时延和高可靠性）三大应用场景。

5G 的优势在于，数据传输速率远远高于以前的蜂窝网络；有较低的网络延迟，低于 1ms，正符合虚拟现实输出低延迟的要求。

5G 提出全光网是实现低时延的重要支撑，新型的多址技术用于节省调度开销，同时基于软件定义网络和网络功能虚拟化实现网络切片，并采用 FlexE 技术使业务流以最短、最快的路由到达目的用户。

7.2　云计算环境

通常将云计算环境理解为：先通过网络"云"将巨大的数据计算处理程序分解成无数个小程序，再使用由多部服务器组成的系统处理和分析这些小程序，得到结果并返回给用户。简单地说，云计算就是把各种服务器资源整合到一起，在需要的时候，按需求调用其中的一部分资源，执行计算、存储之类的工作。

虚拟现实技术及系统开发的门槛相当高。首先，CPU、GPU 的运算量并不能完全支撑起虚拟现实对于"拟真"的运算量；其次，要想拥有良好的用户体验，就需具备实时三维计算机图形技术、全景立体显示技术、运动跟踪技术、触觉/力反馈技术和人机交互等技术的支持；最后，这些技术在性能表现上的高要求，都对背后的计算、网络和存储能力不断提出新的挑战，成为影响虚拟现实用户体验的重要门槛。

云计算环境可以提供可用的、便捷的、按需的网络访问，进入可配置的计算资源共享池（资源包括网络、服务器、存储器、应用软件和服务）。如果虚拟现实技术采用云计算超大规模的数据中心，在数据进入 GPU 后，由云端来进行图形处理，不再依赖普通的基础设备，相应的处理能力会有所提升，并且云服务的核心基础设施计算速度完全可以提供最快的计算速度。即使需要服务器升级，云端的可改造能力也完全强过普通的硬件设施。

配合 5G 技术等网络环境的改善，虚拟现实技术的高速发展将越来越依赖云计算环境。

7.3　其他技术环境

除 5G 和云计算技术外，虚拟现实技术的发展还和很多相关技术环境密切相关，如人工智能、物联网、大数据等。

1. 人工智能

人工智能（Artificial Intelligence，AI）是研究、开发用于模拟、延伸和扩展人的智能的理论、方法、技术及应用系统的一门新的技术科学。AI 已经在大数据、机器人、无人驾驶等领域中被大量探索，是虚拟现实系统中一个重要的组成部分。衡量虚拟现实是否优秀的标准是沉浸感，而为了达到这种沉浸感，让虚拟角色有自己的情绪，无法预测的交互是重要的组成部分。不断用人体动态数据、语言、反应等信息训练 AI，使未来虚拟角色的表情与动作更加流畅，并有可能诞生它自己的智慧，做出让用户来不及反应的动作，从而极大地增强虚拟环境的沉浸感。

虚拟现实也为机器学习提供了便利，因为任何机器学习的材料都可以通过计算机生成可视化目标。目前虚拟现实制作的虚拟道路已经成为无人驾驶 AI 训练的重要场地。一些企业也开始将照片增强 3D 技术、动画程序等传统虚拟现实领域的技术和认知 AI 支持服务相结合，帮助 AI 开发人员更快地打造 AI 程序。

虚拟现实的内容创作一直是制约虚拟现实内容发展的重要阻碍，因为内容创作耗时长，技术门槛高，且风险大。而 AI 引擎则能帮助虚拟现实开发人员迅速搭建虚拟现实场景，加快虚拟现实内容制作速度。使用 AI 引擎，企业能够将设计师的设计图直接生成虚拟现实场景，并且支持 6 个自由度的虚拟现实互动，这种方式为现有设计资源虚拟现实化提供了大规模实践的可能性。而且，AI 引擎可以抓取存储在数据库中的 3D 模型和场景，以极高的效率重现设计结果。

2. 物联网

物联网（Internet of Things，IoT）是指通过各种信息传感器、射频识别技术、全球定位系统、红外感应器、激光扫描器等装置与技术，实时采集任何需要监控、连接、互动的物体或过程，采集其声、光、热、电、力学、化学、生物、位置等各种信息，通过各种可能的网络接入，实现物与物、物与人的泛在连接，以及对物品或过程的智能化感知、识别和管理。

从广义上讲，一切能联入网的物体都应该算是物联网的一部分，如车联网、机器人等。在物联网时代，机器人和物联网中的其他自动化设备之间的界限可能会很模糊。物联网本质上是万物互联，基于物联网的虚拟现实系统可以更好地实现远程交互、虚拟控制等应用。

3. 大数据

大数据（Big Data）是指无法在一定时间范围内用常规软件工具进行捕捉、管理和处理的数据集合，是需要新处理模式才能具有更强的决策力、洞察发现力和流程优化能力的海量、高增长率和多样化的信息资产。虚拟现实系统中 AI 的训练一般和大数据是分不开的。

如图 7.1 所示，虚拟现实和增强现实技术将是未来众多新技术与人的重要交互接口，5G 等通信技术把机器人、物联网、大数据、云计算等联系起来，通过虚拟现实和增强现实技术与用户发生输出及交互反馈。虚拟现实系统将是未来个人信息及数据处理的主要接口。

限制虚拟现实设备普及率的四大技术因素包括：

● 设备重量与性能的平衡，目前虚拟现实一体机虽缓解设备重量问题，但因其性能较差，用户体验得不到提升；

● 显示方面，光学元件能否解决晕眩感、纱窗效应和提高沉浸感至关重要，OLED 能有效降低时延从而缓解晕眩感，但价格高昂；

● 交互方面，6 个自由度技术加上虚拟移动技术可以解决虚拟现实游戏领域移动交互与视觉内容适配的问题；

● 芯片方面，目前国内外主流虚拟现实 HMD 设备主要采用高通骁龙 835 芯片，该芯片性能与桌面级 CPU 与 GPU 相比仍有较大差距，导致虚拟现实一体机的用户体验较差。

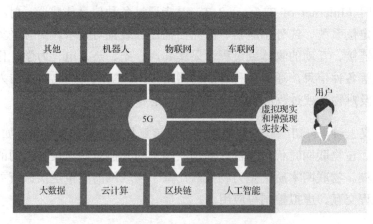

图 7.1　虚拟现实和增强现实技术与 5G 的关系图

随着 5G 时代到来，大带宽、低时延将促使虚拟现实交互与硬件限制得到解放，在控制成本的前提下提升用户体验，高品质虚拟现实产品有望得到普及。

7.4　虚拟现实软件开发环境

各种各样新型的虚拟现实系统的输入/输出硬件设备相继推出，为软件的开发创造了平台和前提条件。相关软件环境及开发工具是虚拟现实系统开发的基础环境。

7.4.1　输入/输出驱动接口

伴随虚拟现实系统硬件开发的加速，众多的虚拟现实系统输入/输出设备有各自的 SDK，为开发虚拟现实系统带来了极大的困难。在系统环境中可以采用一些集成的驱动接口，典型的如以 Nibiru SDK 为代表的 SDK 能适配市面上绝大多数的输入/输出设备，如智能指环、4D 座椅、各种眼镜等。

这样的跨平台多设备外设驱动可以很好地应用于虚拟现实技术领域，部分开发接口是基于蓝牙设备和 Android 技术体系结构创建的，主要针对移动平台下的系统开发人员。对于不同平台的输入/输出设备，有针对性地选择相应的驱动接口可以有效降低系统开发中输入/输出的开发工作难度。

7.4.2　3D 引擎

目前虚拟现实系统开发的主流是游戏引擎，由于其功能强大，常用于很多虚拟现实产品的开发。另外值得一提的是，并非所有的虚拟现实产品或解决方案都需要依赖外设。以展示与简单交互为主要内容的虚拟现实产品，在不涉及复杂的行业精准计算的条件下，会首选 3D 引擎配合电脑来完成。当前主流的3D 引擎有 Quest3D、VRP、EON 等，在虚拟现实系统开发中，使用最多的是虚幻引擎（Unreal Engine，UE）和 Unity 3D。

1. 虚幻引擎

UE 是目前世界知名的授权最广的顶尖游戏引擎之一，占有全球商用游戏引擎 80% 的市场份额。自 1998 年正式诞生至今，经过不断的发展，UE 已经成为整个游戏界应用范围最广、整体运用程度最高、次世代画面标准最高的一款游戏引擎。UE4 是美国 Epic Games 研发的一款 AAA 级次时代游戏引擎。它的前身就是大名鼎鼎的虚幻 3（免费版称为 UDK），许多耳熟能详的游戏大作都是基于这款虚幻 3 诞生的，如"剑灵""鬼泣 5""质量效应""战争机器""爱丽丝疯狂回归"等。由于其渲染效果强大，采用 PBR 物理材质系统，所以它的实时渲染效果非常好，可以达到类似 Vray 静帧的效果，UE4 已经成为虚拟现实系统开发人员最喜爱的引擎之一。

2020 年，在官方公布的 UE5 预览中，Epic Games 提到两个新技术，一个是能更有效地运算多边形的 Nanite（虚拟化几何体），通过数十亿个三角面带来如同电影般的细致材质纹理，不需要额外花费多边形资源，可提供解析度达到 8K 的纹理细节，以及可以对全景、全动态的光线更好操控的 Lumen。另一个是 Niagara，这是具备粒子互动效果的先进模拟技术，让人物与环境的流体互动有更真切的表现。这些为虚拟现实系统内容开发提供了无限的想象空间。

目前，UE4 在虚拟现实游戏开发界应用十分广泛，其强大的开发能力和开源策略吸引了大量虚拟现实游戏开发人员。目前，大量以 UE4 开发的虚拟现实游戏已经登陆各大平台，在游戏画面和沉浸体验方面要明显优于 Unity 3D。

2. Unity 3D

Unity 3D 能够创建实时、可视化的二维和三维动画、游戏，在三维手游的开发中市场占有率很高，其特点是较低的技术门槛及对跨平台的优良支持。

Unity 3D 的目标是结束诸如 AutoCAD、Catia、UG、ProE 等专有的三维图形格式，用所有用户都可以使用的一种标准格式来取代它；在保留绝大多数功能的前提下，无须专有程序即可打开文件，或在互联网上直接进行 3D 视图的浏览和操作。换言之，Unity 3D 就是让 3D 文件能够像 JPEG 文件一样流行和易于使用。

Unity 3D 的特点是与移动平台虚拟现实系统开发结合得非常紧密，是当今最专业的手游开发引擎之一。在移动端的虚拟现实系统开发，或者基于移动端的增强现实应用开发中，Unity 3D 是较好的选择。

7.4.3　计算机图形程序接口

有了 3D 引擎，开发人员就不需要直接调用三维图形库了么？其实不然，在实际工作中还是需要调用图形库。计算机图形程序接口（Graphics API）是一个可编程的开放标准，二维/三维图形都需要其底层的 API 支持。虚拟现实系统开发人员借助 Graphics API 来开发虚拟现实系统硬件（如 GPU）也更方便，效率也更高。

三维图形库数量众多，其中最主要的是 OpenGL、Vulkan、DirectX、Metal。

1. OpenGL

OpenGL（Open Graphics Library）定义了一个跨编程语言、跨平台的编程接口规格的专业的图形程序接口，用于二维/三维图形，是一个功能强大、调用方便的底层图形库。OpenGL 是行业领域中最为广泛接纳的二维/三维图形 API，自诞生至今已催生了各种计算机平台及设备上的数千优秀应用程序。OpenGL 是一个与硬件无关的软件接口，可以在不同的平台如 Windows、Unix、Linux、macOS 之间进行移植。因此，支持 OpenGL 的软件具有很好的移植性，获得非常广泛的应用。但由于 OpenGL 是底层图形库，没有提供几何实体图元，所以不能直接用来描述场景。

目前 OpenGL 已经停止了开发，Vulkan 将 OpenCL 合并后被重点推广。这是由同一家公司维护的图形接口，也可以说 Vulkan 将是下一代跨平台图形程序接口标准。

2020 年，苹果宣布放弃 OpenGL/OpenCL，转而推广 Metal 图形程序接口，这就代表多个三维软件、游戏无法通过 OpenGL 等接口稳定地运行于 macOS 系统上，更有可能直接无法运行。想要更好运行则需要单独适配 Metal 图形程序接口。

2. VulKan

Vulkan 是 Khronos Group 制定的"下一代"开放的图形 API，是能与 DirectX12 匹敌的 GPU API 标准。Vulkan 基于 AMD 的 Mantle API 演化而来，提供了能直接控制和访问底层 GPU 的显示驱动抽象层。显示驱动仅仅是对硬件薄薄的封装，这样能够显著提升操作 GPU 硬件的效率和性能。之前 OpenGL 的驱动层对开发人员隐藏了非常多的细节，而 Vulkan 将其都暴露出来。Vulkan 甚至不包括执行期的错误检查层。

Vulkan 不再使用 OpenGL 的状态机设计，内部也不保存全局状态变量，显示资源全由应用层负责管理，包括内存管理、线程管理、多线程绘制指令产生、渲染队列提交等。应用程序能够充分利用 GPU 的多核多线程的计算资源，降低 GPU 等待，降低延迟。这带来的问题是，线程间的同步问题也由应用程序负责，从而对开发人员的要求也更高。

3. OpenGL ES

OpenGL ES（OpenGL for Embedded Systems）是 OpenGL 三维图形 API 的子集，为手机、PDA 和游戏主机等嵌入式设备而设计，由 Khronos Group 定义。Khronos Group 是一个图形软硬件行业协会，主要关注图形和多媒体方面的开放标准。

OpenGL ES 是免授权费的、跨平台的、功能完善的二维和三维图形 API，由桌面 OpenGL 子集组成，创建了软件与图形加速之间灵活强大的底层交互接口。OpenGL ES 包含浮点运算和定点运算系统描述及 EGL 针对便携设备的本地视窗系统规范。OpenGL ES 1.x 针对功能固定的硬件设计并提供加速支持、图形质量及性能标准。OpenGL ES 2.x 则提供包括遮盖器技术在内的全可编程三维图形算法。

4. DirectX

DirectX（Direct eXtension，DX）是由微软创建的多媒体编程接口；由 C++ 编程语言实现，遵循 COM；被广泛应用于 Windows、XBOX、XBOX 360 和 XBOX ONE 平台的电子游戏开发，并且只支持这些平台。最新版本为 DirectX 12，创建在最新的 Windows 10 中。

DirectX 旨在使基于 Windows 的计算机成为运行和显示具有丰富多媒体元素（如全色图形、视频、三维动画和丰富音频）的应用程序的理想平台，包括安全和性能更新程序。但 DirectX 不是跨平台的理想选择，因其只针对 Windows 操作系统。

5. Metal

在 WWDC 2014 上，苹果为游戏开发人员推出了新的平台技术 Metal，该技术能够为三维图像提高 10 倍的渲染性能，并支持大部分主流的游戏引擎。Metal 是一种低层次的渲染应用程序编程接口，提供了软件所需的最低层，保证软件可以运行在不同的图形芯片上。Metal 提升了苹果 A 系列处理器效能，让其性能得到完全发挥。

Metal 是一个全新的技术，为开发高临场感主机游戏的开发人员打造，可以让开发人员全力发挥芯片的性能。它专为多线程而设计，并提供各种出色工具将所有素材整合在 Xcode 中。虽然 Metal 很强悍，但与 DirectX 一样，它不是一个跨平台支持的 API，只针对 iOS、macOS 等苹果的操作系统。

7.4.4 Web3D

WWW 仍然是大多数人使用互联网获取信息的主要方式。Web3D 涵盖了扩展 WWW 基本功能以显示交互式三维内容的几种不同解决方案。

Web 文档最初只是简单的超文本，带有嵌入静态图像的分层文本。这些文档是使用两种语言组合生成的，HTML 描述内容，CSS 定义其视觉外观。交互性是通过使用附加的脚本语言来提供的，要么是客户端的 JavaScript 和 Java，要么是服务器端的 Perl、PHP、ASP、Ruby 等。HTML 的原始规范不包括对嵌入式视频或三维内容的本机支持。WWW 是使用最普遍的技术之一，虚拟现实系统的部署在很多情况下仍需将其用作底层内容交付平台。为了提供这种功能，需要对一组基本协议进行扩展。

1994 年引入的虚拟现实建模语言（VRML）是最早的解决方案，是一种专门用来描述三维虚拟环境的标记语言，但并没有得到广泛的应用，取而代之的是 X3D。X3D 是一种新的基于 XML 的标记语言，于 2002 年推出。除三维标记语言外，在 Web 文档中嵌入交互式三维内容的另一种方法是使用包含呈现引擎缩小版本的专用插件，如 Unity 3D Web 插件或基于 Adobe Flash 的框架。

这两种方法的主要缺点是需要在 Web 浏览器中安装专门的插件。近年来，一些规避需要安装插件的新方法不断出现。其中的代表就是 2011 年开发的 JavaScript API：WebGL。此外，还有 Three.js、WebGPU 等技术。

1. X3D

X3D 是 XML 标记语言家族的一员，是专门为描述三维场景而设计的，目的是方便地集成到 HTML 文档中，并由支持 HTML 的浏览器进行解释。X3D 于 2002 年由 W3C 标准化，并得到了 Khronos Group 的支持，Khronos Group 中的 IT 行业公司包括苹果、Nvidia、索尼、AMD/ATI、Intel、谷歌、三星等。此外，它还得到了开放地理空间联盟（OGC）、医学数字成像和通信（DICOM）的支持，主要包括浏览器的专用插件，以及专门的浏览器和 Java 小程序、用于主要编程语言的库等。

X3D 规范支持 2D、3D、CAD、动画、空间音频和视频、用户交互、导航、用户定义的数据类型、脚本、网络，甚至物理模拟。这些特性使其十分适合虚拟现实应用。由于并非应用程序需要所有的 X3D 语言特性，所以 X3D 被设计为一个模块化的层次结构系统。X3D 的一组特性称为配置文件。目前已经定义的配置文件包括 X3D Core、X3D Interchange、X3D Interactive、X3D CAD Interchange、X3D emmersive 和 X3D Full。

2. WebGL

WebGL（Web Graphics Library）是一个 3D 绘图协议，这种绘图技术标准允许把 JavaScript 和 OpenGL ES 2.0 结合在一起。通过增加 OpenGL ES 2.0 的一个 JavaScript 绑定，WebGL 可以为 HTML5 Canvas 提供硬件 3D 加速渲染，这样 Web 开发人员就可以借助系统显卡在浏览器中更流畅地展示三维场景和模型了，还能创建复杂的导航和数据视觉化。显然，WebGL 标准免去了开发网页专用渲染插件的麻烦，可用于创建具有复杂 3D 结构的网站页面，甚至可以用来设计 3D 网页游戏等。

WebGL 完美地解决了现有的 Web 交互式三维动画的两个问题：一是通过 HTML 脚本实现 Web 交互式三维动画的制作，无须任何浏览器插件支持；二是利用底层的图形硬件加速功能进行的图形渲染，是通过统一的、标准的、跨平台的 OpenGL 接口实现的。

WebGL 标准已出现在 Mozilla Firefox、苹果 Safari 及开发人员预览版谷歌 Chrome 等浏览器中。图 7.2 所示为使用 WebGL 制作的网页游戏。

图 7.2　使用 WebGL 制作的网页游戏

与 X3D、VRML 不同，WebGL 是一种内容描述语言，是一个能够显示所提供内容的呈现工具。因此，WebGL 可以用作 X3D 的渲染前端，而不需要专门的渲染插件。

3. Three.js

随着软硬件的发展，在个人计算机和移动端浏览器上进行 Web3D 开发的条件已经基本成熟，出现了不少 js3D 库，Three.js 是 js3D 库中的佼佼者。

Three.js 是一个运行在浏览器中的 3D 引擎，用于创建各种三维场景，包括摄像机、光影、材质等各种对象。但是，这款引擎还处在不成熟的开发阶段，其不够丰富的 API 及匮乏的文档增加了初学者的学习难度。另外，Three.js 的代码托管在 Github 网站上。

4．WebGPU

WebGPU 是 GPU 硬件（显卡）向 Web（浏览器）开放的底层 API，包括图形和计算两方面的接口。而 WebGL 是 OpenGL ES 底层三维图形 API 的 Web 版本。WebGPU 和 WebGL 都是对 GPU 功能的抽象，都是为了提供操作 GPU 的接口。二者区别主要在于：WebGPU 基于 Vulkan、Metal 和 Direct3D 12，而 WebGL 基于 OpenGL。前者的引擎较新，设计上更好地反映了 GPU 硬件技术近几年新的发展，能提供更好的性能，支持多线程，采用了面向对象的编程风格。

7.5 虚拟现实系统开发的主要问题

7.5.1 5G 问题

当前的无线接入网络架构中，为支撑不同的 5G 应用，设立了与应用和服务对应的独立的网络，具有独立的接入机制和协议栈。对每种制式，核心网接口、空口和地面接口之间是端到端耦合的，并没有一个接入接口或模块能够对多种应用或者传输网络的信息进行交互、翻译及统一处理。因此，需要一个统筹的接入网络架构，能够利用其接入机制与协议栈来支撑不同的用户和业务接入，为 5G 应用和业务自适应的无线资源的高效灵活分配提供支持。

另外，网络切片管理包括多个维度和技术：在服务级别创建、激活、维护和停用网络切片；在网络级别调整负载均衡、计费策略、安全性和 QoS；抽象和隔离虚拟化网络资源；切片间和切片内资源共享。此外，随着应用和服务的持续升级，网络切片管理的复杂性和难度可能增加。

7.5.2 用户体验问题

随着技术的不断完善，虚拟现实与增强现实体验也变得更加身临其境，用户体验得到了提升。不过目前虚拟现实与增强现实仍然面临着一些问题。其中最大的问题就是眩晕感。用户在适应全新的感官环境时，可能会出现类似晕车的感觉。虽然一些高端设备在不同程度上解决了眩晕感的问题，但因用户自身身体状况、适应能力的影响，还是无法完全避免眩晕感的产生，用户连续佩戴设备的时间可能无法超过 30 分钟。

7.5.3　眩晕感的影响因素

1. 错误的畸变校正（Distortion Correction）

为了增强用户的沉浸感，虚拟现实设备会采用一组放大镜片来扩大用户的视场（Field of View），原理和广角镜头是一样的。但是，视场扩大的同时，图像也会发生畸变。传统的解决思路是从镜片着手，采用昂贵的非球面镜片来尽量减小图像的畸变。而 Carmack 则逆势思维，在图像渲染时直接进行逆向畸变，然后通过透镜来抵消这一畸变。这样做的好处是它减少了采用非球面镜片所带来的额外成本。如图 7.3 所示，逆向畸变渲染的挑战在于需要精确地计算逆向畸变的参数值。如果数值不准确，用户通过透镜看到的图像依旧会有畸变，从而产生眩晕感。主流厂商（如 Oculus、HTC、谷歌 Cardboard、PlayStation VR）在他们提供的开发工具包（Software Development Kit，SDK）中帮助开发人员解决了这个问题。

图 7.3　逆向畸变渲染后的图像

2．错误的瞳孔距（Inter pupillary Distance，IPD）

在模拟 3D 成像时，渲染在屏幕上的图像会分为左、右两屏，分别模拟人的左、右眼所看到的图像。这两个图像基本相似，除了有轻微的差异（这点在图 7.3 中也可以看到）。差异的大小取决于人的瞳孔距，而不同人的瞳孔距是不同的。因此，在进行图像渲染时，就需要考虑用户的实际瞳孔距。如果设置的瞳孔距参数不合理，用户就无法聚焦，从而产生眩晕感。在之前的 DK2 开发人员版本中，Oculus 提供了参数设置工具让用户提前设置自己的瞳孔距参数。而在最新的 Rift 消费者版本中，Oculus 更进一步，直接提供了一个硬件开关来动态调节瞳孔距参数。

3．高延迟（Latency）

这里的延迟是指用户产生输入（如头部转动）到用户看到图像变化之间的时间差，如果延迟足够高，就会在用户所感知的行动和实际所见之间产生错位，造成用户眩晕。Oculus 首席科学家 Michael Abrash 在论文 *Latency-the sin equanon of AR and VR* 中详细介绍了这个问题。该论文写于 2012 年年底，对导致延迟的原因做了详细的阐述。以头部转动为例，从用户转动头部到实际看到眼前图像变化，需要经历 3 个环节：传感器检测到头部转动角的变化→CPU 计算出新的需要渲染的图像→屏幕更新图像。每个环节都会产生延迟，当总延迟高于 15ms 时，就会产生较为明显的眩晕。Michael Abrash 还给出了相应的解决方案——使用高刷新率的传感器和 OLED 屏幕。

4．不符合虚拟现实的产品设计准则

虚拟现实产品的开发和传统 3D 游戏的开发有相似性，但因为虚拟现实提供了全新的交互方式，二者又有很多不同。Valve 的 Joe Ludwig 在 *Lessons learned porting Team Fortress 2 to Virtual Reality* 一文中详细阐述虚拟现实产品开发和传统 3D 游戏开发的不同及注意点。第 8 章将会详细介绍。

除以上 4 个主要原因外，还存在一个非常难解决的问题——缺乏深度信息。

正常人眼在观看物体的时候是有焦距的，不同焦距对应不同的视角，在视角内的图像会很清晰，而在视角外的图像就会比较模糊。但是，如图 7.4 所示，目前的虚拟现实设备在进行图像渲染时并没有考虑焦距，而是默认焦距为无限远（即所有的物体都能清晰看到）。计算机设备无法准确判断人眼的运动方向，因此很难快速模拟人眼的对焦情况，只能默认所有的图像定点都为焦点。这个问题其实并不是非常严重，但是有人会因此导致眼疲劳，从而造成眩晕。

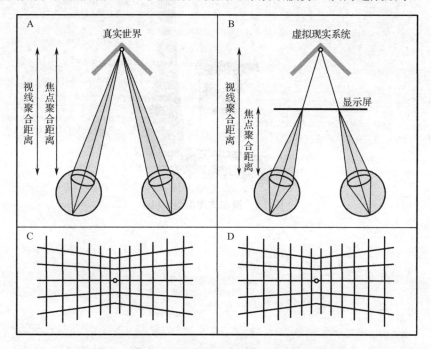

图 7.4　真实世界与虚拟现实系统中人眼对焦情况

另外，还有一个难解决的问题是运动信息感知的错位。导致眩晕的原因和之前所述的延迟类似，即用户所感知的行动和实际所见产生了错位，更深层的原因是视觉神经和前庭刺激（Vestibular Stimuli）之间无法达成一致。例如，用户在虚拟现实世界中玩跑酷游戏，但是在真实世界中静坐着。其实，现实生活中的一些眩晕也是这个原因导致的，如晕车、晕船。

事实上，上述所说的两个难解决的问题目前都已经得到一定程度的解决。最新的增强现实设备已经可以展示深度信息；而最新的虚拟现实设备，已经实现了位置追踪（Positional Tracking），意味着用户在真实世界中的移动可以一对一地映射到虚拟世界中。图 7.5 所示为滑步式虚拟跑步机，它可以根据步幅追踪来模拟人在真实环境中的跑步，用于解决在虚拟世界中自由奔跑的问题。但是，虚拟跑步机等设备的体验效果和真实世界中的运动之间还有比较大的差异。

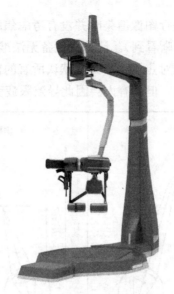

图 7.5　滑步式虚拟跑步机

第 8 章　虚拟现实系统开发流程与实例

本章将通过一个实例介绍虚拟现实系统开发的基本流程。本章实例主要使用 Unity 3D 软件，HMD 和跟踪系统使用 HTC VIVE。本章最后介绍虚拟现实系统的主要应用类型。

8.1　开发分工

虚拟现实系统的开发是一个复杂的过程，很难由个人独立完成。一个虚拟现实系统的背后通常有一个数人至上百人的开发团队，其中主要包括策划人员、程序员、美术人员和项目管理人员等。本章将使用 Unity 3D 和商用虚拟现实硬件系统 HTC VIVE 及个人计算机的平台开发一个简单的虚拟现实系统。在系统开发工作开始前，先从宏观角度了解虚拟现实系统开发的各个环节及人员组成。如图 8.1 所示，虚拟现实系统开发团队的工作划分不尽相同。

有的公司将虚拟现实的开发和运营分成两个团队管理，分别由项目经理和产品经理领导，再由一个级别更高的制作人领导。有的公司将制作人称为项目总监，且将部分产品人员也并入开发团队中参与设计讨论。

以 40～60 人的项目组规模为例，虚拟现实游戏研发部门人员的构成在通常情况下是策划人员 8～10 人，程序员 8～10 人，美术人员 20～30 人，其他人员 10 人左右。

8.1.1　阶段性计划

虚拟现实系统的开发是一个系统过程，需要较多的时间和较多工作的协同，为了能有效地控制进度并保证质量，制订计划非常重要。它可以将整个虚拟现实系统的开发过程分为几个阶段，每个阶段标志着完成了某些重要的功能。在开发过程中，最好能够对不同阶段的版本进行备份，当出现严重问题的时候，可以回滚到最近的版本。

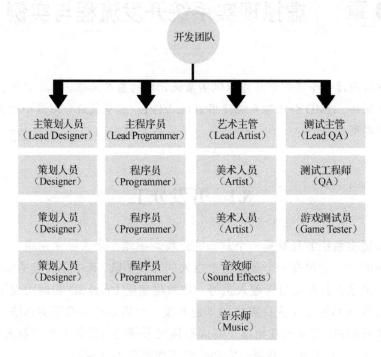

图 8.1　虚拟现实系统开发团队的组织架构

8.1.2　策划、程序和美术的协同

策划部门主要担任虚拟现实的整体规划工作，如建筑工程中施工前要有建筑蓝图一样，策划人员的工作就是用程序员和美工人员能够理解的方式撰写虚拟现实系统的设计文档，对虚拟现实的整体模式进行叙述。虚拟现实中的所有部分都属于策划人员的工作范围。因此，策划人员最好对程序员和美术人员的工作有所了解，这是虚拟现实策划人员的基本素质之一。

美术人员负责制作各种美术素材，使虚拟现实中的各种对象得以呈现在用户面前，而程序员则要把策划人员设计的虚拟现实规划用各种代码加以实现，使美术人员制作的素材按照策划人员制定的虚拟现实规划在虚拟环境中互动。此外，还有人统揽整个项目，一般称为 Team Leader。

策划人员、程序员和美术人员是研发团队中的核心力量。他们的能力基本上决定了这个虚拟现实系统最终的品质。这三个部门在虚拟现实系统开发的过程中分别承担不同的工作，缺一不可。

1. 策划工作

"VR 策划"来源于游戏策划，最初游戏行业是没有策划人员这个职位的。早期的虚拟现实产品更趋向于一个"游戏软件"，世界上第一个电子游戏是美国麻省理工大学的学生在 1962 年编写的一个名为"空间大战"的小程序。那个时期，由于产品规模小，工作量不多，几个程序员甚至一个程序员就能全部胜任产品的开发工作，甚至连美术人员都不需要。

虚拟现实系统的体量庞大，现代的虚拟现实系统朝着逼真的沉浸效果方向快速发展。相应地，虚拟现实系统开发涉及的专业和所需的技能也越来越庞杂。要想系统开发成功，需考虑的因素也越来越多，没有专业、深入的分析和准备很容易让系统一开始就走向失败的深渊。

在开发过程中，策划人员通常要先完成虚拟现实系统策划工作，然后对系统中的数值进行计算和评估。这个环节非常重要，它是保证系统平衡性的关键。以一个虚拟现实游戏系统的策划工作为例，策划的主要内容有以下几点。

（1）系统逻辑

例如，在虚拟现实游戏系统中，主角和敌人是不同的太空飞行器。游戏开始后，主角会迎着敌人的火力前进，消灭敌人会取得分数，游戏没有尽头，如果主角战败，则游戏结束。

（2）交互界面

交互界面上会显示主角的装甲及得分。如果游戏结束，屏幕上将显示"VR系统结束"，同时还会显示"再试一次"按钮。

（3）角色

在虚拟环境中，用户所扮演的角色、他的本体定义、在交互中的角色属性定义等是虚拟现实系统提供角色认知的基础信息。

（4）交互操作

如果虚拟现实游戏系统设计在平台上使用键盘交互，如按键盘的上、下、左、右键控制主角向上、下、左、右飞行，按空格键或鼠标左键射击，就要定义操作方式；如果将这个游戏移植到手机平台，就要改变操作方式或自定义虚拟操作键；如果使用手柄或者其他运动跟踪设备，就要定义手柄的按键及动作；如果使用其他的交互及跟踪工具，就要定义系统的详细交互方式和内容。

（5）AI

虚拟现实游戏系统中的虚拟角色，根据用户的交互行为，具有一定的判断和交互能力；同时，根据交互机制的难度要求，具有不同的响应和反馈机制。

（6）其他

其他需要定义的功能和流程。

2. 美术工作

对于虚拟现实系统来说，美术工作是虚拟现实内容生产的主要工作，美术部门的人数往往是最多的。美术的职位包括原画设计师、用户界面设计师、角色模型师、建模师、动画师等。美术工作非常重要，一款虚拟现实应用如果没有较好的画面将很容易被忽略。

虚拟现实系统中，美术工作不仅是艺术创造，还包含大量的技术环节。虚拟现实系统相比于游戏系统，需要提供 360°的全沉浸场景渲染，特别是在移动平台上，设备内存相对比较小，如果不注意控制美术资源的质量平衡，可能会造成严重的系统资源问题，导致程序无法启动或经常崩溃。因此，在注重画面效果的同时，还要注意如何优化美术资源，在相对节约的情况下表现出最好的美术效果。美术人员可以按需求选择适合的三维动画软件，将制作的模型和动画导出为系统可用的格式。

3. 程序工作

程序员的主要工作就是编写脚本。Unity 3D 主要使用 C#语言，而 UE4 则主要使用 C++语言。

在虚拟现实游戏系统中，每个物体都可以是一个游戏体（Game Object），例如，使用 Unity 3D 开发虚拟现实应用，就是由不同的游戏体组成场景。Unity 3D 中的游戏体可以拥有多个组件（Component）。组件可以是一个脚本，一个模型，一个物理碰撞体，一幅贴图，一个粒子发射器或一个声音播放器。有了这些组件，游戏体就有了相应的功能，程序员可以通过编写脚本控制游戏体及它所拥有的组件，从而实现系统的应用逻辑。虚拟现实系统中的程序是核心的部分，程序员是工作量比较大的职位。

8.2　虚拟现实系统设计

随着 HMD 的发展，虚拟现实系统的设计师拥有了如此多的自由来创造一个沉浸式的世界。在虚拟现实系统中，用户可以从 6 个自由度与环境发生交互，这是最接近真实世界的互动方式。交互方式的改变也为虚拟现实系统设计带来了新的问题和挑战。第 4 章的人机交互部分已经进行了介绍，本章主要介绍策划和美术环节需要重点考虑的问题。

8.2.1　虚拟现实的内容区域

谷歌的 Mike Alger 对虚拟现实中令人舒适的视角和内容放置范围进行了深入研究，并提出了内容区域的概念，即在设计虚拟现实系统时应将虚拟对象及其他元素放在虚拟环境中的位置上。

假设人坐在沙发（非旋转椅子）上，会发现要查看四周的内容，脖子动得太多会很不舒服。虚拟现实系统中，脖子和眼睛的运动限制决定了虚拟空间中可用于放置内容的区域，如图 8.2 所示。

在距离用户 0.5m 范围内不应持续出现界面，因为距离太近会让用户难以专注，但是，这个范围适合触发设置和菜单的手势交互。距离用户超过 20m 的空间深度将无法被用户感知。因此，0.5～20m 之间的区域称为黄金区，这里展示的内容可以被用户舒服地感知。

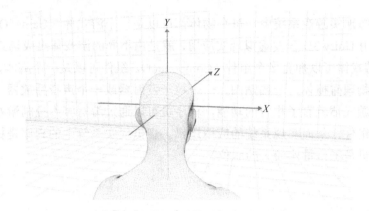

图 8.2　虚拟现实系统中的视野

如图 8.3 所示，人可以在不转动脖子的情况下轻松将眼睛向任何方向移动 30°～35°，稍微用力则可以移动 55°～60°，在由此形成的圆形区域可以放置虚拟现实中主要的用户界面元素。在和它同心的 120°区域可以放置次要的用户界面元素。注意：人的视线通常在水平线下 6°左右，因此用户界面应放置在略低于水平线的位置上。

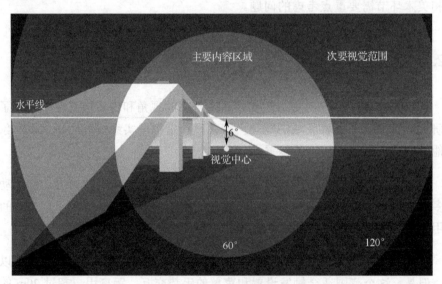

图 8.3　眼镜的视觉范围

然而，鉴于目前基于屏幕的虚拟现实显示器的技术限制，视线焦点在 2m、内容放置在 2～10m 之间会令人感觉最自然和舒适。将脖子和眼睛运动的生理范围投射到黄金区即为主要内容区域，设计师应该将重要的内容放置在这个区域。周边区域的内容只能通过用户的周边视觉检测到（除非转头）。好奇区域的内容则需要用户将身体转向它才能看到，这也是它名字的由来。

由此可以看到，用户的身体方向极大地影响了虚拟现实中的内容放置和设计决策。

8.2.2　虚拟现实的内容尺寸

内容尺寸这个概念是由谷歌提出的，谷歌将虚拟现实界面屏幕称为"虚拟屏幕"。虚拟屏幕中的内容尺寸是需要统一的，每种尺寸的屏幕都有一个标准视距，其决定了屏幕内容的大小。通过了解内容区域的概念，用户可以了解虚拟现实界面的视距。

虚拟现实设计的挑战在于保持内容在不同屏幕尺寸下的一致性。针对此问题，谷歌提出了不受距离影响的毫米概念 dmm，如图 8.4 所示。1dmm（发音为"dim"）的定义是 1m 处的 1mm。该角度测量单位规范化了虚拟屏幕空间的内容尺寸，并有助于在不同距离和屏幕尺寸下保持内容的一致性。

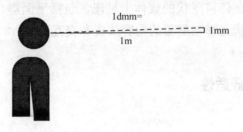

图 8.4　谷歌提出的 dmm

如图 8.5 所示，左上角是屏幕空间坐标中的界面内容，单位是 dmm。在 1m 处，屏幕空间坐标和世界空间坐标之间没有区别；但在 2m 处，世界空间坐标变为屏幕空间坐标的 2 倍，即屏幕尺寸增加到原来的 2 倍。因此，dmm 可以让设计师更方便地根据距离缩放屏幕的大小，而不用担心失去内容的一致性。

dmm 是一个针对屏幕内容的标准衡量单位，即谷歌制定的包含标准文字大小和命中区域的规范，可以作为虚拟现实系统设计的参考。同时，由于虚拟现实的三维空间为虚拟屏幕带来了一些独特的属性，所以在考虑虚拟现实系统的内容尺寸时需要注意以下两点。

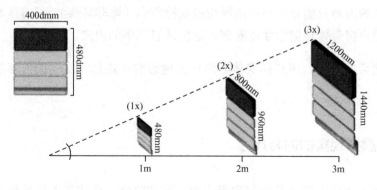

图 8.5　dmm 随距离的变化

（1）虚拟屏幕可以有深度

由于虚拟屏幕拥有 z 轴，所以具有深度。深度可以用于表达元素之间的区别及在屏幕内容中建立层次结构。需要注意的是，用户对深度的感知能力会随着距离远而减少，如内容区域所述，用户对 20m 之外事物的深度几乎没有感知能力。

（2）虚拟屏幕可以是任何形状

虚拟屏幕可以在任何形状的载体上呈现，包括平面屏、曲面屏、折叠屏和分离屏。载体的形状会影响屏幕的内容放置和交互方式。

8.2.3　代入感和舒适性

1. 用户代入感

设计的虚拟现实体验应让用户感觉到自己是虚拟空间的一部分，这种融入的感觉称为"代入感"，这个概念对依赖互动的应用（如游戏和娱乐）尤为重要。代入感可以通过以下方式实现。

● 技术参数：保持帧速率稳定并高于 60 帧/秒至关重要，它可以避免运动给用户带来的恶心感；高质量渲染使环境看起来更"逼真"；使用合适的音效可以进一步增强代入感。

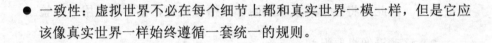

● 一致性：虚拟世界不必在每个细节上都和真实世界一模一样，但是它应该像真实世界一样始终遵循一套统一的规则。

2. 核心目标

虚拟现实应用根据它们的核心目标可以分为以下两类。

（1）以体验为核心的应用

在以体验为核心的应用中，设计师可以充分利用用户的探索精神，因为用户没有特定的任务需要完成，也更愿意发现和学习与他们原有认知不同的界面和交互方式。游戏、故事和娱乐相关的虚拟现实应用就是这种类型的。

（2）以任务为核心的应用

在以任务为核心的应用中，用户有一个期望完成的任务，并且不太愿意探索和学习新的概念模型，除非新模型使完成这个任务变得更加容易。这就迫使设计师在设计这类应用时，需要尽量遵循现有的交互模型和界面规范。

3. 用户定位

在一个陌生的虚拟环境中，用户需要花大约 10s 来定位。随着用户与虚拟现实接触的增加，适应时间会逐渐减少。用户相对于虚拟对象与场景的位置，告诉用户所处的背景，并影响着用户对虚拟世界当前状态的理解。如果初始场景的设置没有给用户提供足够的信息，用户就需要依靠文本、音效、语音和指引箭头等引导。为用户提供背景信息的方法有很多，但不管用什么方法，都应有意识地进行系统规划。

4. 符合用户期望原则

人类进化过程中，在生理和心理上都形成了一些关于世界的既定认识。无论是在真实世界中还是在虚拟世界中，用户的潜意识都会产生这样的期望。根据这些期望，可以归纳出以下虚拟现实系统设计准则。

（1）不要在摄像机上附加任何元素

有过眼镜上有污渍的经历吗？如果用户无法将视线从某些东西上移开，就会很难受。因此，将任何元素长期附加到摄像机上，都不利于用户体验。

（2）移动摄像机要温和

摄像机应以恒定速度移动，没有任何加速或减速。摄像机切换的时候要快，而摄像机旋转的时候则应慢一些。如果不了解这些知识和人的前庭系统，就可能因为过快的移动而使用户产生恶心感。一种更好的方式是让用户自己调整摄像机的位置。

（3）遵循真实世界的尺度

想象一下，坐在看起来像普通沙发大小两倍的沙发上是什么感觉？如果物体明显大于或小于真实世界的物体，会让用户感觉自己像矮人或巨人。除非另有目的，否则虚拟现实系统应始终遵循真实世界的尺度。同样，虚拟世界中的视线高度应与用户真实世界中的身高相匹配。眼动追踪系统更容易实现这点，但即使没有眼动追踪系统，也可以通过提前了解用户的身高来实现。

（4）让用户始终感觉在地上

虚拟现实系统应将用户置于某种实体平面上，并通过视觉反馈不断提醒他们"在地上"，似乎没有什么比悬在空中更令人难受了。

（5）设置天空/背景

用户期望虚拟世界中拥有天空或背景，没有这些，会令用户困惑并影响沉浸感。

（6）不惊吓用户

虚拟世界中的物体应该平缓地朝向或远离用户移动，才不会惊吓用户。

（7）有意识地设计环境

用户下意识地期望虚拟现实中的环境设计能够让他们知道什么是重要的。设计师应巧妙地引导用户向预期的目标和方向前进。

（8）巧妙运用声音

虚拟世界中声音的运用可以加强空间感、按钮和其他元素的响应效果。声音可以影响用户体验的基调。

（9）清晰的功能可见性

除非用户通过设计对功能直接明了，否则用户不会知道虚拟世界中什么是可以操作的。

8.3　漫游系统开发实例

了解了虚拟现实系统的相关知识和设计准备，下面在具体的环境下完成系统的功能实现，主要是虚拟现实系统交互功能的实现，以程序的编写为主。本节以 Unity 3D 和 HTC VIVE 环境为例来介绍如何开发虚拟现实漫游系统。

8.3.1　搭建开发环境

HTC VIVE 是一个虚拟现实 HMD，由 HTC 和 Valve 共同制造。Unity 3D 是一个优秀的虚拟现实开发引擎。在虚拟现实系统开发中使用 HTC VIVE 和 Unity 3D 会非常容易上手，而且使用方便。

在系统开发前，需要先确认具备基础硬件条件。在 SteamVR 平台介绍中给出了使用 HTC VIVE 运行虚拟现实系统的推荐计算机最低配置，如下所述。

- 显卡：Nvidia GeForce GTX 970，AMD Radeon R9 290 或更高。
- 处理器：Intel i5-4590，AMD FX 8350 或更高。
- 内存：4GB 或更高。
- 视频输出：HDMI 1.4，DisplayPort 1.2 或更高。
- USB 端口：USB 2.0 或更高。
- 操作系统：Windows 7 SP1 或更高。

如图 8.6 所示，一套完整的 HTC VIVE 硬件，包括一个 HMD、两个跟踪器、两个手柄和其他组件。

准备好硬件并安装好引擎及驱动程序，即完成了一台普通的计算机上最基础的虚拟现实系统开发环境的准备。

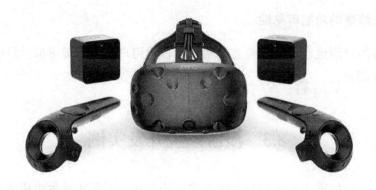

图 8.6　HTC VIVE 硬件

8.3.2　创建项目

为了规范资源并方便进一步调用，需要在 Unity 3D 中创建好一个项目并设置好一系列文件夹，每个文件夹都和资源一一对应，如下所述。

- Materials：场景所用到的材质。
- Models：所有的模型。
- Physics Materials：物理材质。
- Prefabs：预制件。
- Scenes：场景。
- Scripts：脚本。
- Textures：场景中所有对象共有的单一纹理。

然后将 SteamVR 添加到项目中，以使 HTC VIVE 连接到 Unity 3D 上。

8.3.3　设置 StreamVR

SteamVR SDK 是一个由 Valve 公司提供的官方库，用于简化 HTC VIVE 开发，同时支持 Oculus Rift 和 HTC VIVE。先在 Asset Store 中下载 StreamVR，再安装，如图 8.7 所示，单击"Import"按钮导入。

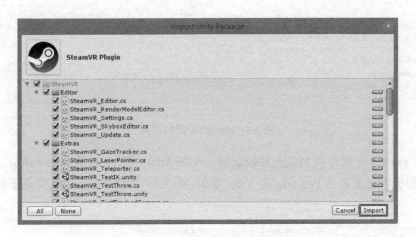

图 8.7　导入 SteamVR SDK

　　打开一个新项目，导入 SteamVR，回到场景视图。在项目窗口中，会出现一个新文件夹 SteamVR，再从 Prefabs 文件夹中添加一个 VRGameObjects 到场景中。如图 8.8 所示，同时选中 CameraRig 和 SteamVR 文件夹，将它们拖曳到结构视图中。

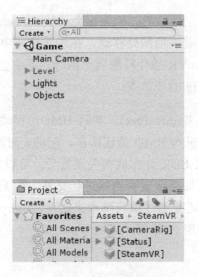

图 8.8　场景视图

　　SteamVR 组件主要负责在用户打开系统菜单并将物理刷新率和绘图系统进行同步时让系统自动暂停，以及处理"规模 VR 动作"的平滑。如图 8.9 所示，在检视器面板中查看 SteamVR 组件属性。

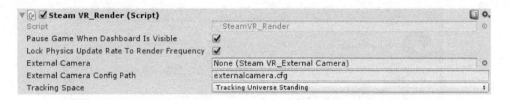

图 8.9　SteamVR 组件属性

CameraRig 组件控制头盔和控制器。如图 8.10 所示，选择 CameraRig，在检视器面板中设置它的 Position 为 X:0，Y:0，Z:-1.1，即将 Camera 放到桌子后面。

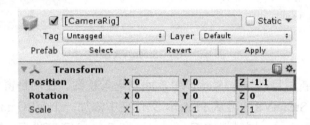

图 8.10　CameraRig 组件属性

在结构视图中删除主摄像机，因为这会干扰 CameraRig 和它的摄像机。打开手柄，查看屏幕。拿着手柄四处移动，在场景视图中可以看到虚拟手柄也会随之移动，因为当 SteamVR 插件检测到手柄时，系统会创建出虚拟手柄。虚拟手柄被映射为 CameraRig 的子节点。

在结构视图中选择 Camera(eye)，拿起 HMD，移动并微微旋转，同时观察场景视图，会发现摄像机和 HMD 是连接在一起的，跟踪器会准确地捕获 HMD 的移动。导入 SteamVR SDK 并完成相关设置后，可以使用 HTC VIVE 在一定范围内自由移动，但是如果希望和物体进行交互，则无法实现。如果要添加运动跟踪之外的功能，则需要通过编写脚本来实现。Unity 3D 主要使用 C#编写脚本，以下脚本示例均使用 C#编写。

8.3.4　处理输入

图 8.11 所示为 HTC VIVE 手柄上的按钮。

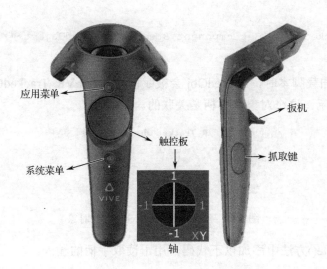

图 8.11　HTC VIVE 手柄上的按钮

触控板既可以当成模拟摇杆，也可以当成按钮。当移动或旋转手柄时，手柄会有速度和旋转速度感应，在与物体交互时会非常有用。

在 Scripts 文件夹中创建一个新的 C#脚本，将其命名为 ViveControllerInputTest，然后用代码编辑器将其打开。删除 Start()方法，在 Update()方法之上添加以下代码：

```
SteamVR_Controller.Device Controller
{
    get { return SteamVR_Controller.Input((int)trackedObj.index);}
}
```

上述操作用于引用正在被跟踪的对象。在本例中，对象是一个手柄。

使用 Device 属性能够访问到这个手柄。通过所跟踪的对象的索引可以访问控制器的输入，并返回这个输入。

HMD 和手柄都是被跟踪的对象，在真实世界中的移动和旋转都会被 HTC VIVE 跟踪到并传递到虚拟场景中。

在 Update()方法之上再添加以下方法：

```
void Awake()
{
```

```
    trackedObj = GetComponent<SteamVR_TrackedObject>();
}
```

这样在加载脚本时，trackedObj 会被赋值为 SteamVR_TrackedObject 对象，如图 8.12 所示，这个对象和手柄是关联的。

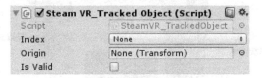

图 8.12　SteamVR_TrackedObject 对象

在 Update()方法中添加以下代码，用于读取手柄的输入。

```
if (Controller.GetAxis() != Vector2.zero)
{
    Debug.Log(gameObject.name + Controller.GetAxis());
}
if (Controller.GetHairTriggerDown())
{
    Debug.Log(gameObject.name + " Trigger Press");
}
if (Controller.GetHairTriggerUp())
{
    Debug.Log(gameObject.name + " Trigger Release");
}
if (Controller.GetPressDown(SteamVR_Controller.ButtonMask.Grip))
{
    Debug.Log(gameObject.name + " Grip Press");
}
if (Controller.GetPressUp(SteamVR_Controller.ButtonMask.Grip))
{
    Debug.Log(gameObject.name + " Grip Release");
}
```

上述代码包含能够访问到的大部分方法，将 GameObject 的名字输出到控制台，用于区分左右手柄。上述代码的解释如下。

● 获取手指在触控板上的位置并将其输出到控制台。

- 如果按下扳机，会打印到控制台。扳机有专门的方法用于判断它是否被按下：GetHairTrigger()，GetHairTriggerDown()和 GetHairTriggerUp()。
- 如果松开扳机，会打印到控制台。
- 如果按下抓取键，会打印到控制台。GetPressDown()方法是用于判断某个按钮已经被按下的标准方法。
- 如果松开抓取键，会打印到控制台。GetPressUp()方法是用于判断某个按钮是否已经被松开的标准方法。

保存脚本，返回代码编辑器。在结构窗口中选中两个手柄，拖曳刚才创建的脚本到检视器面板中，为它们添加 ViveControllerInputTest 组件。

按下扳机，并在触控板上滑动，可以看到控制台会输出每个注册的动作，即使用手柄输入指令，实现在虚拟环境中交互。

8.3.5 在物理对象上应用手柄

虚拟现实系统可以提供许多人类在真实世界中不可能实现的能力，如捡起一个很重的物体，查看它们并扔到地上，而不需要考虑清理等问题。通过使用触发器碰撞体和编写少量脚本，HTC VIVE 能够创建后顾无忧的虚拟体验。

在结构视图中选中两个手柄，为它们添加刚性体，方法是使用 Add Component→Physics→Rigidbody 命令。为两个手柄添加一个盒子碰撞体，方法是使用 Add Component→Physics→Box Collider 命令。默认的碰撞体有点大，需要重新指定大小和位置。如图 8.13 所示，设置 Center 为 X:0，Y:-0.04，Z:0.02，Size 为 X:0.14，Y:0.07，Z:0.05。此处需要将数值精确到小数点后两位，否则会影响手柄的最终效果。

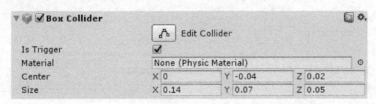

图 8.13 盒子碰撞体属性

运行系统，在结构视图中选择一个手柄，并拿起真正的手柄。观察场景视图，将焦点置于拿着的那个手柄上。将碰撞体放在手柄的顶端部分，此处是用于抓握物体的地方。

在 Scripts 文件夹中创建一个新脚本，将其命名为 ControllerGrabObject，然后打开它。删除 Start()方法，并添加以下代码：

```
private SteamVR_TrackedObject trackedObj;
private SteamVR_Controller.Device Controller
{
    get { return SteamVR_Controller.Input((int)trackedObj.index); }
}
void Awake()
{
    trackedObj = GetComponent<SteamVR_TrackedObject>();
}
```

上述代码和输入测试中的代码是一样的。这里获取了手柄，然后将其保存到一个变量中以备后用。

在 trackedObj 下方添加以下变量：

```
// 1private GameObject collidingObject; // 2private GameObject
objectInHand;
```

其中，第一个 GameObject 用于保存当前与之碰撞的触发器（trigger），这样才能抓住这个对象；第二个 GameObject 用于保存用户当前抓住的对象。

在 Awake()方法下方添加以下代码：

```
private void SetCollidingObject(Collider col)
{
    // if (collidingObject || !col.GetComponent<Rigidbody>())
    {
        return;
    }
    // collidingObject = col.gameObject;
}
```

Awake()方法接收一个碰撞体作为参数，并将它的 GameObject 保存到 collidingObject 变量中，以便抓住和放下这个对象。注意，如果用户已经抓住某些东西了，或者这个对象没有一个刚性体，则不要将这个 GameObject 作为可以抓取目标。

如果将这个对象作为可以抓取的目标，就需要添加触发器方法如下：

```
// 1
 public void OnTriggerEnter(Collider other)
{
    SetCollidingObject(other);
}
// 2
 public void OnTriggerStay(Collider other)
{
    SetCollidingObject(other);
}
// 3
public void OnTriggerExit(Collider other)
{
    if (!collidingObject)
    {
        return;
    }
    collidingObject = null;
}
```

当触发器碰撞体进入或退出另一个碰撞体时，这些方法将被触发。当触发器碰撞体进入另一个碰撞体时，将另一个碰撞体作为可以抓取的目标。这和前一段代码类似，但不同的是用户已经将手柄放在一个对象上并持续一段时间。如果没有上述代码，碰撞会失败或者导致异常。当碰撞体退出另一个碰撞体，放弃目标时，这段代码会将 collidingObject 设为 null，用于删除目标对象。

抓住一个对象的代码如下：

```
private void GrabObject()
{
    // 1
    objectInHand = collidingObject;
    collidingObject = null;
    // 2
    var joint = AddFixedJoint();
```

```
    joint.connectedBody = objectInHand.GetComponent<Rigidbody>();
}
// 3private FixedJoint AddFixedJoint()
{
    FixedJoint fx = gameObject.AddComponent<FixedJoint>();
    fx.breakForce = 20000;
    fx.breakTorque = 20000;
    return fx;
}
```

上述代码将用户手中的 GameObject 转移到了 objectInHand 中，再将 collidingObject 中保存的 GameObject 删除；添加一个连接对象，调用 FixedJoint 将手柄和 GameObject 连接起来；创建一个固定连接并将其加到手柄中，设置连接属性，使它固定，不容易断裂。

被抓住的对象也要能够被放下。放下一个对象的代码如下：

```
private void ReleaseObject()
{
    // 1
    if (GetComponent<FixedJoint>())
    {
        // 2
        GetComponent<FixedJoint>().connectedBody = null;
        Destroy(GetComponent<FixedJoint>());
        // 3
        objectInHand.GetComponent<Rigidbody>().velocity = Controller.
velocity;
        objectInHand.GetComponent<Rigidbody>().angularVelocity =
Controller.angularVelocity;
    }
    // 4
    objectInHand = null;
}
```

上述代码将被抓对象的固定连接删除，并在用户把对象扔出去时控制它的速度和角度。其中关键的是手柄的速度。如果没有速度，扔出的对象会直直地往下掉，不管用多大的力扔它，这在系统中绝对是错误的。

上述代码解释如下。

● 确定控制器上有一个固定连接。

● 删除这个连接上所连的对象，然后销毁这个连接。

● 将用户放开物体时手柄的速度和角度赋给这个物体，这样会形成一个完美的抛物线。

● 将 objectInHand 变量置空。

最后，在 Update()方法中添加以下代码，用于处理手柄的输入。

```
// 1
if (Controller.GetHairTriggerDown())
{
    if (collidingObject)
    {
        GrabObject();
    }
}
// 2
if (Controller.GetHairTriggerUp())
{
    if (objectInHand)
    {
        ReleaseObject();
    }
}
```

当用户按下扳机，且手上有一个可以抓取的对象时，将对象抓住。当用户松开扳机，且手柄上连接着一个物体时，放开这个物体。

8.3.6　制作一只激光笔

近处的对象选择，可以通过手柄接触完成；较远的对象选择，则可以使用类似激光笔的方式实现。激光笔在虚拟世界中非常有用，可以用于戳破虚拟气球，做瞄准具或者远程选择。

创建激光笔需要一个方块和一个脚本。如图 8.14 所示，在结构视图中创建一个方块，方法是使用 Create→3D Object→Cube 命令。

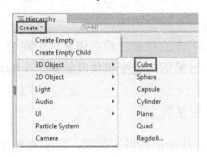

图 8.14　在结构视图中创建一个方块

将方块命名为 Laser，设置它的 Position 为 X:0，Y:5，Z:0，Rotation 为 X:0.005，Y:0.005，Z:0，删除 BoxCollider 组件。激光不可能有阴影，且只有一种颜色，因此可以用一个不反光材质实现这个效果。

如图 8.15 所示，在 Materials 文件夹下创建一个新材质，将其命名为 Laser，修改它的 shader 为 Unlit/Color，Main Color 为大红色。

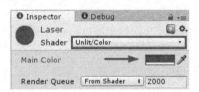

图 8.15　修改材质颜色

将材质拖曳到场景视图的 Laser 上即可分配新材质。当然，也可以将材质拖曳到结构视图的 Laser 上。

将 Laser 拖曳到 Prefabs 文件夹下，然后在结构视图中删掉 Laser 对象。

在 Scripts 文件夹下创建一个新脚本，将其命名为 LaserPointer，再打开它。添加如下代码：

```
private SteamVR_TrackedObject trackedObj;
private SteamVR_Controller.Device Controller
{
    get { return SteamVR_Controller.Input((int)trackedObj.index); }
}
```

```
void Awake()
{
    trackedObj = GetComponent<SteamVR_TrackedObject>();
}
```

在 trackedObj 后面添加如下变量：

```
// 1 public GameObject laserPrefab;     //这个变量用于引用 Laser 预制件
// 2 private GameObject laser;          //这个变量用于引用一个 Laser 实例
// 3 private Transform laserTransform;  //一个 Transform 组件，方便后面使用
// 4 private Vector3 hitPoint;          //激光击中的位置
```

显示一束激光的代码如下：

```
private void ShowLaser(RaycastHit hit)
{
    // 1
    laser.SetActive(true);
    // 2
    laserTransform.position = Vector3.Lerp(trackedObj.transform.
position, hitPoint, .5f);
    // 3
    laserTransform.LookAt(hitPoint);
    // 4
    laserTransform.localScale = new Vector3(laserTransform.localScale.
x, laserTransform.localScale.y, hit.distance);
}
```

上述代码使用一个 RaycastHit 作为参数，因为它包含被击中的位置和射击的距离。

上述代码解释如下。

- 显示激光。
- 激光位于手柄和投射点之间。
- 可以用 Lerp()方法，这样只需给它两个端点和一个距离百分比即可。
- 如果设置这个百分比为 0.5，即 50%，就会返回一个中点位置。
- 将激光照射到 hitPoint 的位置。

在 Update()方法中添加以下代码，用于获得用户的输入。

```
// 1
if (Controller.GetPress(SteamVR_Controller.ButtonMask.Touchpad))
{
    RaycastHit hit;
// 2
    if (Physics.Raycast(trackedObj.transform.position, transform.
forward, out hit, 100))
    {
        hitPoint = hit.point;
        ShowLaser(hit);
    }
}
else
// 3
{
    laser.SetActive(false);
}
```

如果触控板被按下，就从手柄发射激光。如果激光照射到某样物体，就保存照射到的位置并显示激光。如果用户放开触控板，就隐藏激光。

在空的 **Start()**方法中添加以下代码：

```
// 1
laser = Instantiate(laserPrefab);
// 2
laserTransform = laser.transform;
```

上述代码制造出一束新的激光，然后保存一个它的引用。保存激光的 transform 组件。保存脚本，返回编辑器。在结构视图中选中两个手柄，将激光的脚本拖曳到检视器面板中以添加一个组件。在 Prefabs 文件夹中将 Laser 预制件拖曳到检视器面板的 Laser 栏中。

至此，完成了使用手柄发出激光进行远程选择的交互功能。

8.3.7 移动

在虚拟现实中移动不像在普通游戏中前进那么简单，过快的移动极易引起用户眩晕。因此，较大范围的移动可以使用瞬移来实现。从用户的视觉感知来说，用户宁可接受位置的突然改变，也不接受如同坐过山车一样的位置快速改变。在虚拟现实设备中轻微的改变都可能会让速度感和平衡感彻底失控。

要显示最终的位置，可以使用 Prefabs 文件夹中的大头钉或标记。如图 8.16 所示，标记图形是一个简单的不反光的圆环。

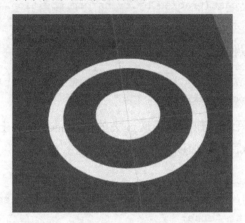

图 8.16　标记图形

修改 LaserPointer 脚本，要先打开这个脚本，在类声明中添加以下变量：

```
// 1 public Transform cameraRigTransform;
// 2 public GameObject teleportReticlePrefab;
// 3 private GameObject reticle;
// 4 private Transform teleportReticleTransform;
// 5 public Transform headTransform;
// 6 public Vector3 teleportReticleOffset;
// 7 public LayerMask teleportMask;
// 8 private bool shouldTeleport;
```

上述每个变量的用途分别是：

● 一个 CameraRig 的 transform 组件；
● 一个传送标记预制件的引用；
● 一个传送标记实例的引用；
● 一个传送标记的 transform 的引用；
● 用户的头（摄像机）的引用；

● 标记距离地板的偏移，以防止和其他平面发生 "z 缓冲冲突"；
● 一个层遮罩，用于过滤此处允许什么对象传送；
● 如果为 true，就表明找到一个有效的传送点。

在 Update()方法中，将代码：

```
if (Physics.Raycast(trackedObj.transform.position, transform.forward,
out hit, 100))
```

替换为以下代码，以便将 LayerMask 加入判断中：

```
if (Physics.Raycast(trackedObj.transform.position, transform.forward,
out hit, 100, teleportMask))
```

这样确保激光只能点到能够传送过去的 GameObject 上。继续在 Update()方法的 ShowLaser()后面添加以下代码：

```
reticle.SetActive(true);
teleportReticleTransform.position = hitPoint + teleportReticleOffset;
shouldTeleport = true;
```

上述代码解释如下。

● 显示传送标记。
● 移动传送标记激光点到的地方，并添加一个偏移以避免发生 z 缓冲冲突。
● 将 shouldTeleport 设为 true，表明找到了一个有效的瞬移位置。
● 在 Update 方法的 laser.SetActive(false);后面添加以下代码：

```
reticle.SetActive(false);
```

如果目标地点无效，就隐藏传送标记。添加以下方法，用于传送：

```
private void Teleport()
{
    shouldTeleport = false;
reticle.SetActive(false);
    Vector3 difference = cameraRigTransform.position - headTransform.
position;
    difference.y = 0;
    cameraRigTransform.position = hitPoint + difference;
}
```

上述代码解释如下。

- 将 shouldTeleport 设为 false。
- 表明传送进行中。
- 隐藏传送标记。
- 计算从 HMD 到摄像机中心的坐标偏移。将这个差中的 y 坐标设置为 0，因为不考虑头部有多高。
- 移动摄像机到照射点加所算出来的坐标偏移位置。如果不加这个偏移，会传送到一个错误的位置。这个偏移起到关键的作用，可以精确地定位摄像机的位置并将用户放到他们想去的位置。

在 Update()的检查触控板按键的 if else 语句中添加以下代码：

```
if (Controller.GetPressUp(SteamVR_Controller.ButtonMask.Touchpad)
&& shouldTeleport)
{
    Teleport();
}
```

如果用户放开触控板，同时传送位置有效，就对用户进行传送。

最后，在 Start()方法中添加以下代码：

```
// 1
reticle = Instantiate(teleportReticlePrefab);
// 2
teleportReticleTransform = reticle.transform;
```

上述代码创建一个标记点，并将它保存到 reticle 变量中。保存 reticle 的 transform 组件。

如图 8.17 所示，将 CameraRig 拖曳到 Camera Rig Transform 栏中，将 TeleportReticle 从 Prefabs 文件夹中拖曳到 Teleport Reticle Prefabs 栏中，将 Camera（head）拖曳到 Head Transform 栏中。将 Teleport Reticle Offset 设为 X:0，Y:0.05，Z:0，Teleport Mask 设为 CanTeleport。

至此，完成了一个简单的漫游系统。使用该系统，可以在空间中自由地小范围行走，可以实现较大范围的瞬移，也可以通过手柄来选择虚拟环境中的对象并与之交互。更多的虚拟现实交互功能可以在遵循系统开发与设计规则的基础上通过编程完成。

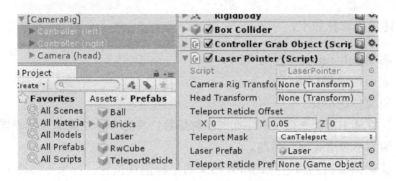

图 8.17　调整 CameraRig

8.4　应用类型

近几年，虚拟现实产品向更小、更紧凑、更强大的方向不断继续发展，可穿戴组件和背包系统已经开始出现。如今，数百家公司都在开发和销售各种形状和形式的虚拟现实系统。同时，虚拟现实设备价格不断下跌，越来越亲民。2016 年发布的 Oculus Rift VR 售价是 600 美元。2018 年，更先进的 Oculus Go 售价仅为 199 美元。同时，惠普发布了一款背包系统 HPZ，它不仅可以作为传统计算机使用，还可以作为移动虚拟现实平台使用。HPZ 重约 10.25 磅，配有可热插拔电池和混合现实 HMD。伴随虚拟现实设备的不断成熟和市场化，虚拟现实系统应用开发也快速发展。在未来的几年里，虚拟现实行业将会出现更多的创新。

8.4.1　VR 游戏①

20 世纪 90 年代，雅达利、任天堂、世嘉等游戏和娱乐公司已经开始认真尝试虚拟现实应用。1992 年，电影《割草者》向大众介绍了虚拟现实的概念。在这部电影中，年轻的皮尔斯·布鲁斯南扮演一个科学家的角色，他使用虚拟现实疗法治疗一名男性残疾患者。电影改编自作家斯蒂芬·金（Stephen King）撰写的短篇小说，灵感则来自虚拟现实先驱杰伦·拉尼尔（Jaron Lanier）。早期

---

① 为方便，本节将虚拟现实简写为 VR。

出现的以虚拟现实为特征的游戏机很快就销声匿迹了。任天堂的 Virtual Boy 于 1995 年 7 月在日本发行，一个月后在美国发行，这是第一个使用 HMD 提供三维图形的游戏机。然而，一年后，由于其居高不下的开发成本和较低的用户使用率，任天堂取消了这个项目。这款游戏机没有再现真实的颜色范围，色调大多是红色和黑色系的，而且用户还必须忍受其实难以接受的延迟，最终为该游戏机制作的游戏不到 24 个。它在全球仅售出约 77 万台。

在越来越强大的图形芯片的帮助下，游戏机如 PlayStation 2 和 PlayStation 3、XBOX 和 Wii 等开始使用触控接口、目镜和新型控制器。到 2010 年，虚拟现实游戏应用才开始初具规模。例如，Oculus Rift 配备了紧凑的 HMD，引入了更逼真的 OLED 立体图像和 90° 可视角度。近年来，Oculus 不断进步。2014 年，Facebook 用 20 亿美元从创始人帕尔默·卢基手中收购了 Oculus，Oculus 已经被打造成一个主要的商业虚拟现实平台，并继续引进更先进的平台，包括号称"世界上第一个为虚拟现实而构建的一体式游戏系统"的 Quest。与此同时，其他公司也纷纷涌入 VR 游戏市场。例如，索尼发布了 Morpheus 项目，即 PlayStation VR。

VR 游戏行业有两种发展模式：从设备到内容，从内容到设备。前者代表如硬件厂商 Oculus，由 VR 设备出发建立 VR 游戏平台，从而掌握内容话语权；后者代表如 Valve 的 Steam，依赖平台优势从内容端出发，以优质游戏促进产品端 Valve Index 销售。无论哪种模式，归根结底，都是为了形成内容、平台、产品的完整闭环。目前，拥有平台优势的 Steam 占据 VR 游戏主导地位，各大非主流硬件厂商开发驱动使自身 VR 设备支持 SteamVR。爆款 VR 游戏 *Beat Saber* 和 *Half-Life：Alyx* 为 Steam 吸引了大量 VR 用户，2020 年游戏"半衰期"预售数量超过 30 万套，其中 11.9 万套购买了 VR 设备即 Index VR（售价 999 美元）。总体来说，高品质的内容是 VR 游戏发展的重要推动力，爆款游戏有望带动 VR 设备普及。

VR 游戏的主要特点是强烈的沉浸感和真实的交互感受。

在传统游戏中，无论什么场景，都只存在于玩家眼前的一个方方正正的二维屏幕中。而有了 VR 后，四面八方都被场景包围，玩家可以体验到平面游戏所没有的身临其境的感觉。传统游戏，即使用手柄，也是通过按键来指挥游戏里的角色的；任天堂的 Wii 和微软的 Kinect 也是部分模拟了玩家的姿势。更重要的是，Wii 和 Kinect 只能算通过姿势"遥控"游戏角色，并不能达到与游戏角色感官上的同步。但是对于 VR 游戏来说，角色的姿势要实时地与玩家保持一致，而且，玩家本身就处在游戏场景内，这种同步感是"遥控"方式远远达不到的。

VR 游戏主要分为以下几种类型。

（1）射击类

射击类 VR 游戏制作起来相对简单，主要的动作只有瞄准和扣动扳机。从体验上，也能让用户沉浸到紧张的气氛中，对情节的要求较低。射击类 VR 游戏可以很容易从平面游戏移植过来，为了增加特定的游戏乐趣，需要有针对性地设计新的动作要素。

（2）动作模拟类

动作模拟类 VR 游戏是平面游戏所不能替代的，典型案例有"星际迷航：剑桥成员"。作为一个模拟合作驾驶类 VR 游戏，它模拟了一个团队探索地外星系，通过团队合作完成一个个任务，顺便观赏舷窗外壮丽的太空风光，代入感非常优异。动作模拟类 VR 游戏可以让玩家体会到原本存在于小说、电影中的与真实世界完全不一样的体验。

（3）角色扮演类

广义而言，动作模拟类也可以归属到角色扮演类，但是角色扮演类 VR 游戏特指第一人称的游戏类型。需要注意的是，因为玩 VR 游戏时，玩家体力消耗比较大，所以设计角色扮演类 VR 游戏时要减少让玩家做出大量动作的环节设计，重点放在"身临其境"的体验感上。

（4）多人互动类

玩家之间联网玩 VR 游戏，可以通过互联网，也可以通过电视机。例如，Play Room VR 是 PlayStation VR 推出的本地互动类小游戏合集，最多支持 1 个 VR 玩家和 4 个 TV 玩家共同进行游戏。

（5）场景体验类

场景体验类 VR 游戏需要提供尽可能逼真的场景体验，如 i 社的"VR 女友"。这类游戏不在于游戏的玩法，而在于非常逼真的虚拟场景体验。

8.4.2　VR 旅游

VR 技术和旅游相结合的应用系统,可以帮助用户设定现实中更加合理的旅游路线,让文物脱离地域限制,实现全球名胜古迹的展示。利用 VR 技术,游客能够置身在景点内,如体验在故宫的城墙边散步的感觉,到不同季节全球各地不同景点旅行,体验航拍、潜拍等极限拍摄内容,查看 3D 古迹复原等多种真实世界无法重现的景观。游客可以自主选择观看角度,足不出户就能拥有身临其境的体验。使用手机也能看到高清全景视频,部分 VR 旅游应用使用超过 4K 高清分辨率的内容,让整个画面感觉更自然。

VR 旅游的衍生应用主要体现在以下几个方面。

(1)旅游的活动补充

减少等待时间,让旅途不再无聊,给漫长旅途不一样的体验。特别是长途旅行,VR 眼镜的消遣作用相对于座椅屏幕更有明显优势。VR 比传统的屏幕更有沉浸感,用户能够完全地沉浸在精彩的内容中,忘记他们正在车里或者飞机上。

(2)导游实训

VR 导游实训能真实地模拟现实中导游人员带团过程中的动作、语言,并与景点中的场景配合,形成交互仿真的训练环境。使用者足不出户即可在全国各大景区进行导游实训。

(3)景区展览展示

利用 VR 技术可以展示景区内发展起源历史文化,补充景区无法还原或者实际到达的目的地。VR 技术既能展现出自然景观的恢宏之美,又能模拟还原人文景观的历史面貌,因此很多数字博物馆都应用了此类技术。仅凭文字叙述,人们很难想象当时的场景,首都博物馆用 VR 技术进行现场还原。游客不仅能看到景区的各个细节,还能看到不对外开放或不定期开放的资源。无论是筛选旅游目的地,还是体验惊险刺激的旅游景观,使用 VR 都能满足用户的需求。

（4）新的营销方式与服务模式

VR 对于旅游的行前体验和决策能起到很好的辅助作用，可以为游客决策提供最为生动的信息，对于那些没有去过的景点，游客可以通过 VR 观看目的地的景色，决定自己是否想去这个景点。身临其境的体验，透过屏幕感受到欢乐的气氛，VR 技术极大地节约了人们的决策成本，也让景区能够更好展示其独特的旅游资源，吸引游客前往。

VR 与旅游的结合是未来旅行、观光、文化导览的一个重要发展方向。

8.4.3　VR 购物

VR 技术突破时间和空间的限制，真正实现了各地商场随便逛，各类商品随便试。例如，用户身在广州的家中，戴上 VR 眼镜，可以逛纽约第五大道，也可以逛英国复古集市。又如，在选择一款沙发的时候，用户再也不用因为不确定沙发的尺寸而纠结，戴上 VR 眼镜，直接将这款沙发放在家里，尺寸、颜色是否合适，一目了然。简单来说，用户不仅可以直接与虚拟世界中的人和物进行交互，还可以将真实生活中的场景虚拟化，使其成为一个可以互动的商品。

随着 VR/AR 技术的普及应用，越来越多的平台开始将其融合到自身的发展领域中。2016 年 10 月，京东推出 VR 购物星系，用户戴上 VR 设备就可以进入虚拟场景并选购商品。同年 12 月，京东上线全新功能的 VR 购物应用 JD Dream。除此之外，还有阿里巴巴曾推出的 VR 购物体验 Buy+、乐购推出的 VR 店内体验、阿迪达斯用于宣传户外服装的 VR 视频、澳大利亚 eBay 与迈尔百货公司合作推出的商店个性化 VR 应用。

VR/AR 的购物方式将会是引领未来购物的一大主题。据调查，超过 90% 的人参与过网购，淘宝每天的用户流量已经达到了三亿左右。随着人们生活水平的提高，大多年轻人更愿意选择网购，其原因有：在家“逛商店”既省时又省力，线上购物的模式打破了受时间、地点限制的传统购物方式。总体来看，网购商品比线下实体店同类商品更具性价比。

而对于企业来说，网络销售对库存要求较低，运营维护的成本低，运营规模也不会受到网站的限制。未来会有更多的企业选择网络销售，通过互联网随时反馈市场信息，及时调整经营策略，从而提高企业的经济效益，并进一步增强企业的竞争力。网购的广泛普及性、频繁性，以及网购平台的大量企业入驻，足以说明"VR/AR"购物将会在已有的网购基础上发挥其巨大的潜力。

如图 8.18 所示，VR 技术下的购物也会让消费者看到并了解更加真实的商品，在一定程度上减少了因为图像与实物不符而造成的退换货现象，并避免买家与卖家发生不必要的冲突，同时也可以减轻物流方面的压力。

图 8.18　VR 购物场景

VR/AR 的购物方式将会应用到更多的经济领域。购物系统的开发需要关注特定的需求内容，充分利用 VR 技术的特点来提供购物场景的主要功能。

8.4.4　VR 医疗

VR 技术和医疗相结合的应用系统主要可分为三种：VR 与治疗结合；VR 与临床辅助结合；VR 与医学培训相结合。

VR 技术很早就被用于治疗生理和心理疾病。例如，在美国洛杉矶西奈医院，医生使用 VR 技术治疗鸦片类成瘾疾病；加利福尼亚州圣地亚哥的名为虚拟现实医疗中心（Virtual Reality Medical Center，VRMC）的组织已经开始使用 VR 技术来帮助那些患有恐惧症的人，如害怕飞行、演讲，广场恐惧症和幽闭恐惧症等，VRMC 使用 3D VR 曝光疗法结合生物反馈和认知行为疗法来治疗恐惧症、焦虑症和慢性疼痛等病症。

VR 医疗实际应用场景包括以下 15 种。

1. 手术培训

美国芝加哥的 Level EX 公司专注于外科手术培训。该公司的首个应用 Airway EX 就可以模拟外科手术的培训场景，于 2016 年 10 月发布了 beta 版，可以在 iOS 和安卓上运行，涵盖了气道手术的 18 个不同流程。医生可以在这个应用中为虚拟病人做气道手术。该应用中对病人的模拟细节到了每一个毛孔。这个应用适合麻醉医师、耳鼻喉科专家、重症监护专家、急诊医生和胸腔医生等使用。

2. 疼痛管理

VR 医疗应用最多的案例之一就是疼痛管理。其中很出名的一个项目是美国 Cedars Sinai 医疗中心的 VR 项目，由 Brennan Spiegel 医学博士领导，使用 VR 技术让病人逃脱"身体—心理—社会牢狱"。也有医院使用 VR HMD 来帮助病人减轻病痛。

3. 病人教育

除疼痛管理外，Cedars Sinai 医疗中心还与洛杉矶南部的霍尔曼联合卫理公会合作，开展旨在普及高血压知识的社区健康教育活动。该活动的 VR 部分非常有意思。霍尔曼联合卫理公会的成员用 VR 将人们带入一个虚拟的厨房，里面的食物上贴着钠含量的标签，然后系统会带领人们跟着钠进入人体，以显示高血压对心脏的作用。医院还和公会打造了一个放松应用系统，帮助人们管理压力，这也有助于降低血压。

4. 临床医生教育

对现在的医生来说，了解常见疾病的途径早已不局限于教科书和 2D 解剖图像。Salix Pharmaceuticals 是一家专注于胃肠道环境的药物开发公司。他们开发了一个交互式 VR 平台，通过开放的治疗方法指导临床医生来确定 IBS（肠道易激综合征）的病因。在一个模拟胃肠道的虚拟环境中，Salix Pharmaceuticals 将引导医生检阅引发 IBS 的潜在原因的众多理论，包括肠—脑轴的变化、肠道微生物组织的不平衡、对疼痛的超敏反应、由临时胃肠道虫引起的慢性不平衡等。

5. 理疗和复健

VRPhysio 是一家总部设在美国波士顿的公司，提供身临其境的互动式虚拟环境，可以让患者在没有察觉的情况下进行理疗。例如，其中一个游戏会让患者手握一把虚拟的剑，让他去砍出现在屏幕上的目标。为了完成任务，患者必须要调动肩膀进行运动，以此测试肩膀的运动范围。另一个游戏会给患者一把高压水枪，水枪根据患者的头部指向来发射，患者需要将水发射到桶里，这样就能检测脖颈的运动。在后台，物理治疗师可以看到通过设备收集的数据，并随时更改游戏的参数，引导患者进行最有益的锻炼。

6. PTSD

PTSD（创伤后应激障碍）是普遍存在的精神疾病之一，同时也是最难治疗的。今天，许多专家认为暴露治疗法可以帮助治疗 PTSD，而 VR 可以在安全、受控的环境中提供这种治疗。使用 VR 创造一个可控的环境，可以让患者体验到解决感。

7. 转换性障碍治疗

斯坦福大学医学院和斯坦福虚拟人际互动实验室去年开始进行一项小型临床试验，研究使用 VR 治疗转换性障碍的可能性。参与实验的患者将使用由 VHIL 开发的特殊软件，结合 Oculus Rift，来体验居住在一个虚拟人物身体中的感觉。

转换性障碍也称为功能性神经症状障碍，是一种将精神或情绪压力转化为身体症状的病症。大多数的治疗方法集中在让杏仁核变得平静下来，使它不会变得过度活跃，来“劫持”运动功能或感觉，VR 也可以起到类似的作用。

8. 戒烟

Mind Cotine 公司开发的 VR 系统将正念训练、生理反馈和心理技巧的其他元素如沉浸感结合在一起，帮助吸烟者改变习惯。该系统具有引导性的冥想和平静的图像，以鼓励反思，再进行动画吸烟体验。使用者需要每天使用 20 分钟，并且用系统中的工具和资源来帮助应对尼古丁戒断反应。

9. 应对恐惧

死亡是生命中不可避免的一部分，但许多人很难接受这一现实。虽然有些人可能更喜欢不考虑它，但有些人认为面对生活的这个事实是真正减少恐惧的唯一途径。当然，有了 VR 技术，人们不必为了体验接近死亡的经历而故意将自己置于危险之中。

巴塞罗那大学的研究人员使用 Oculus Rift 创建了一个名为"全身所有权幻觉"的虚拟环境。它让佩戴者看到自己的虚拟形象，直至感觉到这具虚拟身体是自己的。在他们习惯这种观点后，VR HMD 转变为第三人称视角，并给出称为"身体外事件"的体验。这一研究结果显示，使用 VR 技术有助于降低人们对恐惧的焦虑。

10. 伤害评估

利用眼球追踪可以让用户在不用双手的情况下和虚拟环境交互。但是在医疗领域，眼球追踪可能会成为一个拯救性命的技术。例如，头部受到的冲击可能涉及脑损伤，也可能涉及内耳问题，如平衡等，使用 VR 技术可以识别具体问题，并改善结果。

11. 养老

老年人在通常情况下并不是消费电子产品的目标市场，但在数字健康领域，越来越多的老年人对新技术的接受程度超乎想象。当人们发现自己随着年龄增长腿脚越来越不便时，VR 就成为绝佳的工具来帮助人们体验外面的世界。来自麻省理工学院的 Rendever 向居住在养老院中的老年人提供了 Oculus Rift 设备，让他们能够沉浸在自己记忆中儿时的房子里，或者最爱的户外环境中。不仅如此，该设备还可以激发老年人之间的对话，让他们共同到某一个地方"旅游"，如大峡谷或者马丘比丘，也可以共同创作虚拟的图画。Rendever 报告称，使用他们产品的养老院已经使老年人的幸福指数增加了 40%。

12. 缓解压力

在医疗上使用 VR 技术还可以用来创造一个沉浸的、放松的环境使用户进行冥想和减轻压力。

13. 健身

健身是数字健康产业中最引人瞩目的领域之一，市面上已经有了很多可穿戴设备和应用，可以帮助人们更好地塑造身材。

14. 培训护理

使用 VR 技术培训护士的好处包括安全、可控、性价比高等，同样也适合培训医生。

15. 牙医治疗

有人觉得看牙医会带来极大的精神压力。目前，牙医通常的做法是播放舒缓的音乐和在天花板上绘满海滩的景象。而使用 VR 技术可能彻底改变这一格局。

8.4.5 VR 教育

VR 应用于教育是教育技术发展的一个重大飞跃。使用 VR 技术可以营造"自主学习"的学习环境，采用实物与虚物相结合的方式构造虚实结合的虚拟教学培训系统，使学生或者培训人员能够在虚拟的学习环境中扮演一个角色，全身心地投入学习中，这非常有利于学生或者培训人员的技能训练。随着 VR 技术的不断发展和完善及硬件设备价格的下降，VR 技术以自身强大的教学优势和潜力将会逐渐受到教育机构及教育工作者的重视和青睐，最终在教育领域中广泛应用并发挥重要的作用。

VR 在教育中的应用主要体现在以下几个方面。

1．科技研究

虚拟学习环境能够为学生提供生动、逼真的学习环境，如建造人体模型、太空旅行、化合物分子结构显示等，在广泛的科目领域提供无限的虚拟体验，从而加速和巩固学生学习知识的过程，因为亲身经历、亲身感受比空洞想象的说教更具说服力，主动交互与被动灌输有本质的差别。利用 VR 技术可以建立各种虚拟实验室。

2．虚拟实训基地

利用 VR 技术建立起来的虚拟实训基地，其"设备"与"部件"多是虚拟的，可以根据需要随时生成新的设备，教学内容可以不断更新，使实践训练及时跟上技术的发展。由于虚拟的训练系统无任何危险，学生可以反复练习，直至掌握操作技能。例如，在虚拟的飞机驾驶训练系统中，学生可以反复操作控制设备，学习在各种天气情况下驾驶飞机起飞、降落，通过反复训练达到熟练掌握驾驶技术的目的。

3．数字化教育与虚拟课件

在课堂教学中，利用虚拟制造技术可以把课程中的插图、抽象原理以虚拟的可操控的模型及动作的方式表达出来，使抽象的、难以表达的东西变得简单易懂。

例如，化学元素周期表、离子、电子云、化合价是非常抽象的，使用 VR 技术可以做出每个元素的模型，学生可以从不同角度观察，还可以让它旋转，形成电子云，更可以观察化学反应的机理，一目了然，理解容易且深刻。再如电磁场、光的波粒两重性，使用 VR 技术，表达这些就极其容易。

4．职业培训扩展

职业培训对虚拟制造技术的需求是迫不及待的，如消防、矿井救援、高空作业、电站操控、电网调度、飞机航天器操控等。

VR 对教育领域的全方位渗透，从根本上改变了人们的思维习惯和传统学习环境的概念，逐渐走向由虚拟教师、虚拟学习软件、虚拟实验、虚拟图书馆、虚拟辅导、虚拟测验等构成的虚拟学习环境，给人身临其境之感，让学生沉浸在虚拟世界里对学习目标进行实时观察、交互、参与、实验等操作，给予学生充分的体验和想象空间。

随着软硬件、信息、网络等相关技术的发展，计算机作为一种高效能的信息传播工具，在教育教学过程中得到越来越广泛的应用，如果将 VR 技术作为一种新兴的教学媒体应用到教育教学中，会带给人们崭新的教育思维。

8.4.6　VR 行业应用

目前，各个行业都致力于 VR 领域的技术发展及本土多元化虚拟产业级生态环境的构建，都将不断关注并致力于新技术的变革、新内容的生产。例如，安全行业的 VR 应用如下。

VR 火灾逃生应急演练：让体验者身临其境"真实"地感受火灾，引导体验者遇到火灾时该如何操作，从视觉、听觉、触觉等多角度超真实还原火灾的情景，增加体验者对火灾的认识。

VR 地震体验逃生：通过模拟真实地震中场景，让体验者"亲身经历"地震所带来的危害，从而学习逃生技能，把地震伤害及损失减少到最低。

VR 交通安全培训：通过还原现场的方法对体验者科普逃生自救的方法。借助 VR 设备，体验者能够在虚拟环境中经历一场接近真实的交通事故，这无疑会让体验者充分地认识什么是危险及交通安全的疏忽将导致何种严重的后果，从而起到巨大的警醒作用。

VR 技术带来了全新的体验，通过和行业应用的结合，必然会改变现有的各种行业应用系统开发和使用的模式。VR 行业应用系统将会越来越多地出现在各个领域。

第 9 章 网络虚拟现实系统

本章主要介绍网络虚拟现实系统,包括网络虚拟环境、架构、虚拟环境状态同步方法,以及多用户虚拟现实系统开发概述。

9.1 网络虚拟环境

网络虚拟现实与流行文化中的"网络空间"相对应。网络虚拟环境是指多个用户在一个基于网络的计算机集合中,利用新型的人机交互设备接入计算机,产生多维的、适合用户(即适人化)应用的、相关的虚拟情景。分布式虚拟现实系统除满足复杂虚拟环境计算的需求外,还应满足分布式仿真与协同工作等应用对共享虚拟环境的自然需求。分布式虚拟现实系统支持系统中多个用户、信息对象(实体)之间通过消息传递实现的交互,可以看成基于网络的虚拟现实系统,提供可供多用户同时异地参与的分布式虚拟环境,处于不同地理位置的用户如同进入同一个真实环境中。目前,分布式虚拟现实系统已成为国际上的研究热点,已有机构相继推出了相关标准。

第一个联网的分布式虚拟现实系统出现在 1991 年,名为"虚空"(Virtuality)。2016 年,美国公司推出"虚空"虚拟现实主题公园,这个专为电子游戏机设计的技术产品当时引起了巨大的轰动,因为它引入了实时交互的概念,玩家可以在同一个空间竞技,而且几乎没有延迟。

由北京航空航天大学、杭州大学、中国科学院计算所和中国科学院软件所等单位共同开发了一个分布式虚拟环境基础信息平台,为我国开展分布式虚拟现实系统的研究提供了必要的网络平台和软硬件基础环境。

9.1.1　网络虚拟环境的应用

自虚拟现实诞生以来，网络虚拟环境就得到了发展。分布式虚拟环境比孤立的虚拟环境具有显著的优势，最重要的是，它允许位于不同物理位置的大量用户之间进行协作。

分布式虚拟环境在以下多个领域得到了广泛的应用：

- 军事模拟；
- 远程呈现/远程会议；
- 远程学习；
- 在线社区；
- 娱乐。

分布式虚拟现实系统的典型案例包括：

- "第二人生"，在线虚拟现实社区；
- "哈博酒店"，面向青少年的在线社区，其特点是二维图形；
- "魔兽世界"，运行时间最长的 MMO 游戏之一；
- "乐高宇宙"，乐高系列虚拟世界中的一个 MMO 场景；
- 微软 XBOX 游戏机用户的 XBOX Live 在线社区。

9.1.2　分布式虚拟环境的问题

网络虚拟现实系统需要为分布式虚拟环境所共有的几个重要问题找到解决方案。其中最重要的是，需要提供一种方法来可靠和快速地传输大量数据，还需要确保所有用户在任何给定时刻都拥有相同的虚拟环境状态信息。因此，需要考虑的实际因素包括：

- 保持虚拟环境的一致性；
- 数据传输的速度和网络的延迟；
- 运行虚拟环境的系统兼容性；
- 运行虚拟环境的系统异构性；

● 故障管理方法。

9.2 架构

网络虚拟现实系统的基本架构与其他分布式虚拟现实系统的架构类似。无服务器架构是一种网络组织方式,包括在局域网和广域网上运行的对等体系结构。基于服务器的集中式体系结构构成了另一个主要架构。基于服务器的系统复杂性和专用服务器的数量不同,可分为小型的单服务器架构、多服务器架构和协调多服务器。

9.2.1 无服务器架构

如图 9.1 所示,无服务器架构没有专用服务器来进行数据交换。网络由对等的节点组成,这些节点需要直接通信。在一般的情况下,每个对等点都需要向网络中的所有其他对等点广播虚拟环境状态的任何更改。因此,更新消息的数量随着对等点的数量呈指数增长,这是该架构的主要缺点。

图 9.1 无服务器架构

基于局域网和广域网的系统有所不同,主要是因为网络的大小和延迟的不同。在基于局域网的系统中,节点数目相对较少,网络延迟较低,更新消息的数量易于管理,因此可以使用简单的广播方法。

基于广域网的系统由于广域网节点的地理距离远，底层网络设备的异构性强，所以网络延迟成为一个严重的问题。简单的广播协议变得不再适用，一些带有多播组的多播系统更适合，此时系统需要采用兴趣区域管理解决方案。

无服务器架构的优点是：缺少专用服务器意味着系统不存在单点故障，因为网络中任何节点的中断都不会影响其他节点的操作，没有服务器意味着没有中心通信瓶颈。但是，这样的架构很难管理，因为每个对等点都需要单独管理，以确保它们能运行正确版本的软件。由于有大量的更新消息，带宽可能会成为一个问题。此外，所有对等点都需要检查所有广播包，即使它们不包含与该特定对等点相关的信息。

9.2.2　单服务器架构

在集中式系统中，虚拟环境由专用服务器维护。每个客户端仅与服务器通信。服务器负责从各个客户端收集有关对虚拟环境更改的信息，再将有关虚拟环境状态的更新分发给客户端。

如图 9.2 所示，单服务器架构使网络不那么复杂，并减少了所需更新消息的数量。然而，服务器成为其中的关键点。

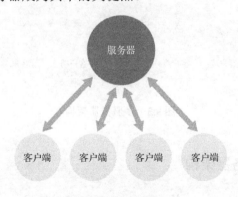

图 9.2　单服务器架构

单服务器架构的优点是专用服务器的存在降低了总体通信需求，更简单的架构使网络易于维护，因为只需严格维护服务器即可，某个客户端计算机软件版本的差异不会影响其他客户端。其缺点是：服务器是一个单一的故障点，它会导致整个虚拟环境的崩溃。这样的架构有一个瓶颈，即服务器性能限制了可以服务的客户端的数量。

9.2.3 多服务器架构

引入多个服务器可以解决集中式系统的一些问题。多台服务器可以共享工作负载，从而消除客户端数量的上限，减少通信瓶颈问题。多个服务器可以在系统中引入冗余，这样就没有一个单一的故障点可能损坏系统的运行。在某个服务器出现故障的情况下，可以激活其他服务器来接管其任务。

如图 9.3 所示，服务器之间的工作负载共享和通信，即状态同步，因此，多服务器架构的实现和维护比简单的单服务器或无服务器架构复杂。

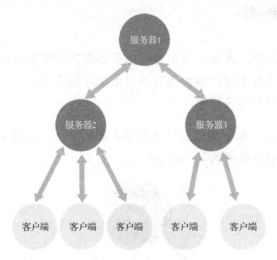

图 9.3 多服务器架构

9.2.4 协调多服务器架构

协调多服务器架构是标准多服务器架构解决方案的扩展，以适应大量的服务器，但其依赖于服务器的层次结构，适合大型的分布式系统。例如，谷歌搜索引擎和类似的大型 Web 服务就使用了协调多服务器架构。

协调多服务器架构中的服务器可分为组或集群。集群划分的标准包括功能、物理位置或虚拟世界中的位置，即一个服务器集群维护虚拟世界的一部分。

协调多服务器架构的优点是：服务器集群和单个服务器之间动态共享工作负载，在单个服务器发生灾难性故障后可以快速恢复所需的大量冗余。

协调多服务器架构的缺点是：网络结构非常复杂，因为集群内服务器之间的通信需要与集群之间的通信及服务器和客户端之间的通信分开处理，服务器之间的协调可能会变得困难。此外，这种复杂的架构可能会加剧网络延迟的问题。

9.3　状态同步

分布式虚拟现实系统需要确保所有用户都有关于虚拟环境状态的最新信息。除了环境状态，还包括有关单个对象相对于虚拟环境的位置和方向的信息、对象的视觉外观，以及可以通过与用户的交互而改变的单个对象的其他属性。每个用户改变虚拟环境状态的行为需要以特定的方式传达给其他每个用户，以保持虚拟环境的一致性。换句话说，虚拟环境的状态需要在系统的所有用户之间不断同步。

根据分布式虚拟现实系统的类型，可以选择不同的同步方法。这些方法可分为以下三类：

- 共享数据库；
- 状态更新；
- 航位推算。

9.3.1　共享数据库

在使用共享数据库方法进行状态同步的网络虚拟现实系统中，虚拟环境的状态信息通常保存在专用服务器的一个位置上。单个客户端将有关其在虚拟环境中所更改的信息发送到服务器，并从服务器接收有关其他客户端的更新。

共享数据库方法特别适合一致性关键的系统，因为只有一个虚拟环境副本是经常集中维护的。共享数据库方法也适合基于局域网的小型系统。共享数据库模型易于实现并保证绝对状态一致性。然而，共享数据库是一个单点故障，服务器性能是一个瓶颈，它会导致不可预测的性能问题，还可能会受到客户端活动强度的影响。另外，其通信开销很大，因为所有客户端都需要发送和接收所有更新。

9.3.2　状态更新

单点故障和潜在的通信瓶颈是状态同步共享数据库方法最重要的问题。这些问题可以采取不同的策略加以解决。无服务器架构中的每个客户端或对等点都可以维护自己的虚拟环境副本。客户端或对等点需要将更新信息广播到网络中的每个其他节点，为了保持真正的状态同步，这些更新需要频繁并以固定的时间间隔进行。

状态更新方法的实现相对简单，不需要专用服务器，通常用于基于局域网的中型系统。然而，状态更新可能意味着相当大的带宽开销，网络延迟和抖动也是一个问题。由于存在延迟，网络中的不同节点可能具有不同的更新速率，所以状态更新不能保证绝对状态的一致性。

9.3.3　航位推算

航位推算法是前两种方法的中间环节。网络中的每个客户端或对等点都维护自己的虚拟环境副本。然而，节点之间的状态更新相对较少。虚拟环境中对象的新位置由每个客户端使用以前的位置及有关对象移动速度和方向的信息来计算，这些局部计算的对象位置需要与实际位置同步。因此，不同客户端计算的对象位置需要定期同步。但是，这些更新事件并不一定非常频繁。

单个客户端预测的数据与实际数据可以相融合。如果预测数据和实际数据之间出现差异，则需要重新对齐对象。对齐对象的方法包括捕捉、各种插值方法、线性、样条等。

航位推算法对网络延迟不敏感，适合能够容忍状态一致性的大规模广域网应用。同时，较低的更新频率降低了带宽需求。然而，航位推算法的主要问题是不能保证绝对状态的一致性；需要潜在的复杂预测和融合算法，预测模型取决于对象的类型，在较差的网络上，可能会导致显著的预测错误，用户可以观察到这些错误，其表现为对象的故障、抖动、跳跃等。

9.4　多用户虚拟现实系统开发概述

第 8 章着重介绍了单用户虚拟现实系统的开发过程。多用户虚拟现实系统开发过程和单用户的区别主要在于解决网络架构与状态同步问题的方式不同。

目前的多用户虚拟现实交互技术的实现方式有很多种，常见的消费级解决方案是每个用户携带一套场景定位装置，佩戴一套带空间定位装置的 HMD，HMD 与高性能渲染计算机使用有线连接。渲染计算机同时还接收由用户 HMD 的空间定位装置采集的用户姿态信息，为用户渲染特定视角下的全景画面。多用户虚拟现实交互技术使每个用户拥有自己的虚拟空间位置。

这种方案使用了单服务器架构，实现起来相对比较简单，在不考虑网络情况的环境下，可以使用开发引擎快速实现多用户的虚拟现实交互。延续上一章中的案例，创建基于 Unity 3D 的简单多用户虚拟现实系统的基本开发流程如下所述。

第一步，准备一个客户端和服务器通信的连接对象及脚本，可以写到同一个程序中，通过单击不同的按钮决定充当客户端还是服务器。

第二步，服务器不需要控制客户端中的化身，只提供一个连接的场所，连入客户端后，需要每个为客户端创建一个新角色。把玩家作为一个 prefab，建立另一个对象 SpawnPlayer，并附加脚本 Spawnscript.js 来监控客户端连接到服务器上的事件 OnConnectedToServer，这个事件只有客户端才会触发。触发后，就会在场景中用玩家的 prefab 创建出一个新的实例，并且在所有人的场景中都创建出来，这就需要使用 Network.Instantiate 方法。此方法会用参数中给出的 prefab 在所有的客户端场景指定位置创建一个实例，底层其实封装了远程过程调用。

第三步，玩家本身会附带控制脚本，但是客户端需要进行镜头追踪，因为玩家是动态生成出来的，开始时摄像机上的追踪脚本的追踪目标并没有绑定玩家，所以需要绑定。同时，还要保证绑定的对象是自己客户端所对应的人物，而不是其他人物，因此最好在使用 Network.Instantiate 方法时保存自己创建出来的人物，然后将 Cemera 上的追踪脚本的 target 赋值为它。从一个对象获取它的脚本的方法是使用 GameObject.GetComponet(Type type)函数，参数需要传递脚本的类名，规定类名 Unity 和脚本文件名的前缀相同，如 SmoothFollow.js 就是 SmoothFollow。

第四步，给化身的 prefab 增加 NetworkView 的 Component，因为需要同步人物的 Transform 信息，所以增加 2 个 NetworkView，可以使用状态同步机制（也可以使用远程过程调用），此处需要设置相关状态同步的属性。

第五步，化身角色的控制需要进行一些特殊处理，因为每个创建出来的角色都有相同的控制脚本，而一个客户端只能控制自己的化身，在进行控制响应前需要确定是自己的化身才可以操作。

第10章 增强现实

本章主要介绍增强现实，它与虚拟现实共享许多方法和技术解决方案。本章首先探讨这两个概念之间的关系、相似性和差异；接着，介绍增强现实系统的工作原理，分析系统案例；然后，简要介绍增强现实技术的历史发展，讨论增强现实系统、视觉、听觉、触觉和交互模式，以及在移动平台上的增强现实应用；最后，探讨增强现实技术的未来发展趋势，特别是在普适计算和可穿戴计算的背景下，增强现实在互动电子娱乐行业中的应用实例。

10.1 增强现实与虚拟现实

增强现实（Augmented Reality，AR）和虚拟现实（VR）[①]是两个密切相关的概念，有许多共同的方法和技术解决方案，但也有一些根本性的区别。AR和VR都是基于计算机生成的刺激，但是这些刺激在AR和VR应用中的作用有很大不同。前面已经介绍过，VR的最终目标是创造完美的幻觉和沉浸在人工环境中的感觉。VR系统试图完全切断用户对真实世界的感知，用人工刺激代替真实世界中的刺激，以实现VR中存在的幻觉。相反，AR系统不干扰用户对真实世界的感知，更不会试图阻止用户对真实世界的感知。AR的目标是通过将人工内容叠加到真实世界中来增强它，即将人工内容覆盖在人类感官从真实世界接收到的信号上。

如图10.1所示，Milgram和Kishino于1887年发表的论文中定义了VR连续图谱，真实的环境在连续图谱的一端，而虚拟的环境在另一端。在这个图谱中，AR定位在更接近真实世界的一端。这种对真实世界感知方式的差异导致了AR和VR可以应用于非常不同的应用场景。

所有AR系统的基本工作原理相同。AR系统将计算机生成的刺激和来自真

---

① 为方便，本章将虚拟现实简写为VR，增强现实简写为AR。

实世界的信号结合。计算机生成的内容是实时创建的，以便与用户真实环境中的更改相对应，因此，计算机生成的内容是对环境敏感的。AR 系统的基本工作流程有三个步骤。第一步，AR 系统从真实世界中捕捉某种信号。第二步，系统对该信号进行分析，生成相应的虚拟信号。第三步，系统将虚拟信号与真实世界信号进行对比，将计算机生成的内容与真实世界的内容融合后呈现给用户。这些步骤每秒重复多次，使用户产生能与真实环境交互、又与环境相关的人工内容融合的感受。

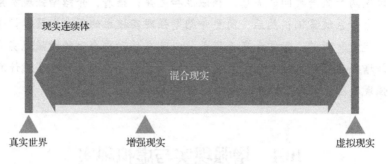

图 10.1　VR 连续图谱

　　将虚拟信号与真实世界信号对齐的过程称为"配准"，不同的 AR 系统有不同的配准方法。

10.1.1　增强现实的历史

　　AR 最初出现在小说作品中。著名的《绿野仙踪》的作者 Baum 提到了电子眼镜的概念，这种眼镜可以在真实世界中显示数据。在他的小说《万能钥匙》中，主人公收到了一个特殊的装置——电子眼镜，戴上它可以在任何人的脸上显示一个字母，在主人公看来，这表明了人的性格。

　　"增强现实"一词是 Boing 公司的研究员 Caudell 于 1990 年提出来的。苏泽兰和 Sproull 在 1968 年开发了第一个 HMD。多伦多大学的教授，被人称为"可穿戴计算之父"的 Mann 在 1974 年建造的目镜是最早可识别的 AR 设备之一，经过多年的实验和反复改进，他的头戴式智能眼镜变得越来越轻巧。后来 Mann 成功开发出令智能眼镜小型化且能与计算机和网络相连的技术 EyeTab。

　　20 世纪 80 年代初，AR 首次以卫星和气象雷达图像的形式在电视天气节目的虚拟地球地图上进行商业应用。由 Loomis 领导的小组开发了一个可作为视障者的导航辅助设备的 AR 系统，其原型结合了笔记本电脑、早期的地理信息系统数据库、电子罗盘和 GPS 接收器。

Rekimoto 和 Nagao 开发了一个原型 AR 系统 NavCam，它由一个配有摄像机的栓带手持设备组成，该设备能够跟踪特殊的颜色编码标记并显示上下文相关信息。Rekimoto 继续他的研究，并引入了二维黑白网格标记。

Ronald Azuma 发布了第一个关于增强现实的报告。在报告中，他提出了被广泛接受的增强现实定义，这个定义包含三个要素：将虚拟和现实结合；实时互动；基于三维的配准，又称注册、匹配或对准。经过多年的发展，AR 已经有了长足的发展，AR 系统实现的重心和难点也随之变化，但这三个要素是 AR 系统中不可或缺的。

哥伦比亚大学 Steve Feiner 等人发布的游览机器（Touring Machine）是第一个室外移动 AR 系统。该系统包括一个带有完整方向追踪器的透视 HMD，一个捆绑了计算机、DGPS、用于无线网络访问的数字无线电的背包、一台配有光笔和触控界面的手持式计算机。如图 10.2 所示，右图就是使用这套设备参观校园时能看到的有增强信息的画面。

图 10.2　哥伦比亚大学 Steve Feiner 等人发布的游览机器

1998 年，北卡罗来纳大学（University of North Carolina）提出了包含地理位置信息的空间 AR 概念。Thomas 在 2000 年开发了室外版本 AR-Quake。2005

年，谷歌推出了谷歌地图，使 GPS 数据得到了广泛应用。各种移动 AR 应用的快速扩展，使带有内置摄像机、GPS 数据和倾斜传感器的小屏幕设备被广泛使用。

10.1.2 现实生活中的应用

AR 的概念通常与新颖的面向视觉的技术联系在一起，日常生活中经常能"遇到"具有这些特性的系统，如 GPS 汽车导航系统。该系统通过 GPS 卫星确认用户的地理位置和移动信息，以期望的旅行目的地为目标，计算最优路线并生成驾驶指令。计算机生成的上下文相关音频信号覆盖在真实世界的声音背景上，计算机生成的内容叠加在真实世界中，可以说汽车导航系统展现了 AR 的所有特征。

10.2 视觉增强现实

视觉是人类的一个基本感知系统，大部分 AR 系统都集中体现在视觉刺激上。视觉 AR 系统将人工视觉刺激叠加在用户的视野上。计算机生成的图形内容显示在用户眼前，与真实世界中的元素配准。AR 系统可以处理来自真实世界的特定视觉信号，或者在某些情况下将计算机生成的图形内容与非视觉信号（如地理定位数据）配准。视觉 AR 系统采用的配准方法可分为三类：基于标记的配准、无标记的配准、非视觉配准。

此外，视觉 AR 系统在显示类型上也有所不同，可以使用 HMD、显示器或投影仪。

10.2.1 图像配准

图像配准是指将人工视觉刺激与真实图像或影像对齐，相当于实时光学运动跟踪。因此，许多同类的图像分析算法都可以应用于这两个任务。图像配准涉及识别真实世界图像中的关键特征，这些特征可以用作计算机生成的图形内容的配准点。对实际的 AR 应用而言，这个过程必须实时完成。同时，对准精度对最终用户体验的质量非常重要。真实信号和人工信号之间的错位会破坏虚拟内容和真实内容的一致性及共存的感觉。另外，在某些特定场景（如医疗或军事应用）中，配准错误的后果可能是致命的。

配准错误可以是静态的，也可以是动态的。静态误差包括光学畸变、不正确的观察参数、机械失调和其他跟踪器误差。动态误差包括系统延迟和跟踪器漂移。

1. 基于标记的配准

图像配准是一个非常复杂的问题，依赖于容易识别的视觉特征的检测。图像配准可能计算量非常大且计算复杂度高，而且结果不可靠。摄像机质量和光照条件等因素都会显著影响图像配准的质量，对整个 AR 系统的性能产生影响。

为了提高操作的鲁棒性和简化图像配准过程，部分图像配准系统使用了特殊的视觉标记。标记是指视觉特征明显的物体，可以放置在真实世界中，也可以作为计算机生成视觉的检测的对齐点。这种方法类似于一些实时光学运动跟踪系统所采用的方法。标记可以是主动的，也可以是被动的。大多数主流的 AR 解决方案使用被动标记。基于标记的 AR 系统的一个典型案例是 Nara 科学技术研究所的 Kato 在 1888 年开发的 ARToolKit。如图 10.3 所示，该系统使用可打印的二维标记，这些标记是黑色的小格子和排列成不同图案的正方形。ARToolKIt 是一个单目系统，即它的操作只需要一个摄像头；能够在 6 个自由度内跟踪每个标记的位置和方向。

图 10.3　ARToolKit

The

2. 无标记配准

无标记的 AR 系统不需要在真实世界中放置专门的视觉标记，使它们可以在更广泛的情况和可能的使用场景中使用，因为使用系统的环境不需要提前准备。无标记的 AR 系统试图检测和跟踪真实世界中已经存在的易于识别的特征。真实世界中的许多物体都可以帮助图像配准。这些物体具有易于区分的视觉特征，如简单明确的几何图形或一致的颜色，包括人像和脸部特征、人造物体、交通标志、汽车牌照、道路上的标记、方向标志、排版元素、印刷文本、公司标志、印刷在产品上的条形码等。

近年来，无标记的 AR 系统在移动 AR 应用中尤为普遍。这些应用通常将无标记配准与其他非图像配准方法相结合来使用，如地理位置或方向配准。如图 10.4 所示，典型案例有集成到智能手机操作系统和 Layar AR 浏览器上的谷歌搜索应用程序中的谷歌眼镜。

图 10.4　Layar AR 浏览器上的谷歌眼镜

2. 无标记配准

无标记的 AR 系统不需要在真实世界中放置专门的视觉标记，使它们可以在更广泛的情况和可能的使用场景中使用，因为使用系统的环境不需要提前准备。无标记的 AR 系统试图检测和跟踪真实世界中已经存在的易于识别的特征。真实世界中的许多物体都可以帮助图像配准。这些物体具有易于区分的视觉特征，如简单明确的几何图形或一致的颜色，包括人像和脸部特征、人造物体、交通标志、汽车牌照、道路上的标记、方向标志、排版元素、印刷文本、公司标志、印刷在产品上的条形码等。

近年来，无标记的 AR 系统在移动 AR 应用中尤为普遍。这些应用通常将无标记配准与其他非图像配准方法相结合来使用，如地理位置或方向配准。如图 10.4 所示，典型案例有集成到智能手机操作系统和 Layar AR 浏览器上的谷歌搜索应用程序中的谷歌眼镜。

图 10.4　Layar AR 浏览器上的谷歌眼镜

3. 非视觉配准

使用非视觉配准方法的视觉 AR 系统将计算机生成的图像与某种不可见的信号对齐，在各种移动 AR 应用中都很常见，可以使用不同类型的信号。基于位置的系统将图像与 GPS 或其他类型的关于用户地理位置的数据配准，也可以使用电子罗盘确定设备的方位。此外，一些系统还利用 MEMS 加速度计和陀螺仪的数据并采用基于方向的配准方法，如谷歌天空。

有些 AR 系统将图像配准和非视觉配准结合起来使用。图 10.5 所示为 wikitude 移动应用程序，它在手机摄像头视图中显示用户周围地标的信息。

图 10.5　wikitude 移动应用程序

10.2.2　基于 HMD 的增强现实系统

HMD 在许多 AR 系统中用作输出设备。基于 HMD 的 AR 系统采用头部跟踪方法，通过图像渲染来匹配用户头部的方向。根据处理真实信号的方式不同，基于 HMD 的 AR 系统可分为两种：使用摄像机的视频 AR 系统；光学 AR 系统，也称为透视系统。二者的对比如图 10.6 所示。

虽然基于 HMD 的 AR 系统非常普遍，但是 HMD 的使用会导致出现一系列的技术性问题。前面介绍 HMD 时已经指出，视觉阻挡是一个严重的问题。此外，虽然人类头部的方位相对容易跟踪，但检测眼睛的焦点是难以实现的。人眼根据当前视野中的兴趣点会动态地改变焦点。焦点可能与渲染的视觉元素发生冲突，从而导致用户严重不适。

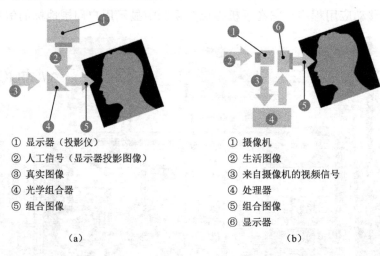

① 显示器（投影仪）
② 人工信号（显示器投影图像）
③ 真实图像
④ 光学组合器
⑤ 组合图像

① 摄像机
② 生活图像
③ 来自摄像机的视频信号
④ 处理器
⑤ 组合图像
⑥ 显示器

（a）　　　　　　　　　　　　（b）

图 10.6　视频 AR 系统和光学 AR 系统对比

真实世界的照明条件非常广泛，人眼能够适应高动态范围的光强度变化，从几乎完全黑暗到明亮。AR 系统可用于各种情况和照明条件，然而，在所有这些条件下，一个能够提供清晰、明亮、高对比度图像的显示设备是一项重大的技术挑战。

1. 视频 AR 系统

如图 10.6 所示，视频 AR 系统利用摄像机将计算机生成的图像叠加在摄像机拍摄的视频信号上，并阻止用户直接查看真实对象并将其替换为从摄像机获取的视频信号和人工渲染内容的组合。视频 AR 系统接近基于 HMD 的 VR 系统。

视频 VR 系统需要对信号进行分析，以便检测计算机生成的视觉元素可以与之配准的视觉特征。视频 AR 系统使用真实世界的数字化图像，因此，分辨率受到可用摄像机特性的限制。图像获取过程可能会在用户看到的图像与其运动之间引入延迟，然而，计算机生成的图像和真实信号之间没有延迟。

视频 VR 系统能够绘制真实对象和虚拟对象之间的部分遮挡，更具体地说，真实对象可以部分遮挡虚拟对象。由于真实世界的直接视图通过视频信号转化，所以照明环境更受控制。因此，视频 AR 系统能够在照明范围内渲染图像。

2．光学 AR 系统

与视频 AR 系统相比，光学 AR 系统不会对用户遮挡真实世界，计算机生成的图像直接显示在用户的视野上。计算机生成的图像和真实世界的视角使用光学组合，仿佛一个半透明的镜子，因此，光学 AR 系统不受摄像机分辨率的限制。光学 AR 系统使用真实世界视图的"真实分辨率"，对真实世界的感知没有延迟，但是在生成和显示计算机生成的内容时仍然存在延迟，真实世界和计算机生成的图像之间的延迟会导致配准错误，还可能导致严重的用户体验下降。此外，光学 AR 系统无法渲染真实对象遮挡虚拟对象的图像，不同的光照条件对光学 AR 系统来说也是严重的问题，特别是当图像需要在明亮的光线或室外可见时。谷歌眼镜是光学 AR 系统的一个典型案例。

10.2.3　基于显示器的增强现实系统与基于投影仪的增强现实系统

1．基于显示器的 AR 系统

基于显示器的 AR 系统使用标准的 2D 显示技术，包括台式机和笔记本的显示器、电视及移动设备的小屏幕。目前大多数移动 AR 应用都属于这类 AR 系统。该系统的图像配准是使用从单独的摄像机或内置在移动设备中的摄像机获得的视频信号来完成的。配准可以是基于标记的、无标记的，甚至在移动应用的情况下是不基于图像的。PlayStation 2 的 EyeToy Play 系列游戏、任天堂 3DS 和谷歌天空的 AR 游戏及 Layar 和 wikitude 移动应用都是这类 AR 系统的案例。

2. 基于投影仪的 AR 系统

基于投影仪的 AR 系统使用一个或多个投影仪作为输出设备,其主要优点是可以将计算机生成的图像投影到真实世界的任何表面上,可以使用基于标记或无标记两种图像配准方法。由于投影仪的物理限制,该系统很少用于移动应用,所以它们很少结合其他非基于图像的配准方法。

如图 10.7 所示,CAREstream 公司开发和销售的 VeinViewer 系统是一个基于投影仪的 AR 系统设备的案例,旨在帮助医生找到皮下血管。血管的图像是通过红外照相机获得的,处理后的高对比度图像被投射回使用者皮肤上。

基于投影仪的 AR 系统的另一个案例是 3D Mapping,即将计算机生成的曲面投影到物理曲面上,如投影到建筑物的立面上,常用于各种公开演出。如果系统融合了多个投影仪的内容,可以进一步扩大投影面积。

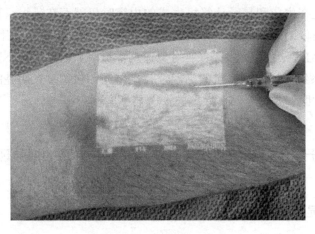

图 10.7　VeinViewer 系统

3. 显示器与投影仪的对比

显示方法的选择取决于 AR 系统的应用预期。相比之下,显示器和投影仪都有各自的优缺点。基于投影仪的 AR 系统的主要优点是投影图像的大小不依赖于投影设备的物理大小。在特定使用场景中,这是一个重要的优势。此外,图像可以投影到物理上远离设备的表面,覆盖在各种物理对象上,甚至覆盖在彩色和非平面表面。组合多个投影仪可以增加投影图像的大小和分辨率。

注意，投影仪很难在户外和光线充足的环境中使用。移动性差是基于投影仪的 AR 系统的一个主要问题，因为投影仪的尺寸较大。近年来推出的纳米投影仪提高了这类系统的移动性，但是，投影机的小型化仍然是一个很大的技术问题。为了能在任何光线条件下产生明亮、高对比度、色彩鲜艳的图像，需要非常强的光源，由于光的强度与能量成正比，所以导致出现了功率消耗和散热问题。

10.2.4　移动增强现实

移动性是许多 AR 系统背后的关键思想之一。移动性极大地增加了 AR 应用的可用场景的数量。现代移动设备已经有足够的计算能力进行实时图像处理。近几年，摄像头已经成为移动设备的标准配件。移动设备系统已经具备实时图像配准的所有先决条件。此外，大多数移动设备都配备了一系列不同的传感器，如 GPS 接收器、电子罗盘、加速度计和陀螺仪。因此，现代智能手机已经具备了 AR 系统的足够组件。

自智能手机开始主导消费市场以来，人们对 AR 的兴趣显著增加。由于硬件设备已经掌握在用户手中，开发人员只需专注于 AR 系统的功能和软件组件即可。

移动 AR 的几个重要案例有谷歌地球、Layar、wikitude、谷歌天空等。其他还有一些有趣的移动 AR 应用程序，如 Word Lens（by Quest Visual）和 Photo Math（by Microblink），这两个应用程序都基于手机摄像头捕捉的图像执行实时文本识别。如图 10.8 所示，Word Lens 用它的翻译取代了原来的文本，并作为一个实时的笔迹翻译软件销售。Photo Math 旨在解决简单的数学问题，识别数学符号并尝试计算结果，且能解算术问题和基本线性方程组。

图 10.8　使用 Word Lens 进行即时翻译

10.3　非视觉增强现实

1．音频 AR 系统

音频 AR 系统将计算机生成的声音信号叠加到真实世界的声音背景上。在大多数情况下，音频 AR 系统使用一些非音频真实信号作为配准基础。音频信号通常基于地理空间数据生成。前文已经指出，GPS 汽车导航系统具有 AR 系统的所有特性，基于 GPS 数据可以实时生成语音指令。

使用地理位置数据的音频 AR 系统的一个典型案例是名为"僵尸，快跑！"的游戏，由 Six to Start 公司开发。这是一个在开放环境中进行的沉浸式游戏，游戏任务是在假想的僵尸出没的环境中生存。用户需要在沉浸式音频呈现的虚拟场景中完成任务，同时完成一些任务目标，如通过击败僵尸来收集补给。计算机生成的音效和叙述与音乐相结合，音效是根据播放器在真实世界中运动的GPS 数据生成的。

2．触觉 AR 系统

虽然各种各样的触觉刺激经常用于增强许多电子设备的功能，如手机的振动功能或游戏控制器的力反馈，但是很少有纯触觉的 AR 系统。

总部位于德国的一家公司 feelSpace 推出了一款与公司同名的智能腰带，它通过触觉震动刺激来提醒用户该往哪个方向去。feelSpace 腰带的研发要追溯到 2005 年在德国 Osnabruck 大学启动的一项科研项目。这个项目最初的目的是要研发一个可穿戴的传感设备，实现指北针的功能，然而这个项目最终研发出了一款腰带。穿上之后，腰带对着北面的那个部分会发出震动，为用户指示方向。

如图 10.9 所示，使用 feelSpace 腰带时，用户可以在配置中选择开启feelSpace 腰带的指北针模式，让腰带告诉自己北在哪个方向。在这个模式下，feelSpace 并不需要和手机连接就可以实现自动工作。

图 10.9　feelSpace 腰带

除指北针模式外，用户还可以选择一个更加实用的"路线指示"模式：在手机配套的软件中选择好目的地，然后开启 feelSpace 腰带的导航模式。手机和腰带之间的数据通信采用蓝牙连接模式，用户该往哪个方向行走（骑行），完全可以依靠 feelSpace 腰带上不同方位的震动来指示；如果到达目的地附近，feelSpace 腰带会给出一串特别的震动，这个功能对视障人士来说特别有用。

3. 模态 AR 系统

模态 AR 系统用一种物理刺激代替另一种物理刺激，经常用于残疾人的感官辅助，其运作通常依赖于感觉替代和大脑可塑性等现象。由于视觉在人类感觉中占主导地位，所以许多跨模态 AR 系统旨在帮助视障人士。视觉刺激可以被几种不同的刺激替代，如被计算机生成的音频信号代替。例如，Meijer 的产品是一种头戴式设备，由一对耳机和一台摄像机组成，摄像机的视频信号以 1 帧/秒的速率转换成音频。这种跨模态系统发展中的一个主要问题是视觉系统和其他感知系统之间的信息带宽差异。视觉信号的不同属性必须映射到音频信号的不同特征上，声音的振幅与光的强度相对应，而信号的频率则与物体的垂直位置相对应，水平位置通过左右声道之间的平衡来传递。

图 10.10 所示为 Wicab 公司的 BrainPort。这个装置用触觉刺激代替视觉信号。摄像机与针执行器连接，针执行器放在使用者的嘴里，紧靠舌头的表面。单色光栅图像的像素强度被转换为针执行器引脚的高度，使用户能够获得视野的触觉印象。

图 10.10　Wicab 公司的 BrainPort

10.4　增强现实系统开发

10.4.1　开发现状

在开发 AR 系统前，先了解 AR 系统开发的现状。和 VR 系统非常相似，AR 系统目前已经在军事和工业方面有比较多的应用，其硬件设备大都基于 AR 眼镜。

2017 年，苹果和谷歌相继推出了 ARkit 和 ARCore，这两个是 AR 系统开发的 SDK。苹果和谷歌分别是苹果系统和安卓系统厂商，所以推出这两个 SDK 的意图主要是让移动设备也能方便地使用 AR 系统。因此，就目前而言，AR 系统开发主要是针对移动端的。

AR 眼镜已经进入消费级发展阶段，基于 AR 眼镜开发的应用也越来越多。手机受限于屏幕大小，手机 AR 系统可能只是 AR 系统发展的一个过渡阶段，AR 眼镜才是 AR 系统的主流平台，下面主要介绍手机 AR 系统的开发平台。

10.4.2　开发步骤

AR 系统开发面临的主要难题是视觉部分的开发，将图形、图像和文本叠加并配准到智能手机屏幕或 AR 眼镜上是一个复杂且步骤繁多的过程。这部分工作原理在本章前面已有介绍。

开发 AR 系统的第一步是创建三维模型，由图形工程师来完成，也可以由应用程序员从开源的三维库中获取模型。3ds Max、Blender、Cinema 4D、Maya、Revit 或 Sketch Up 等软件是在 AR 应用程序中创建视觉效果的主要工具。有一些类似 Sketchfab 的平台可以让设计师查找、共享、购买内容和组件来创建 AR 应用程序。图形工程师通常先从一个粗略的草图或线框图开始，再使用多种工具来细化绘图，直至完成三维模型。

完成了概念图，图形工程师就会将其转换为实际的模型。这个过程包括添加颜色、形状、纹理、特征或行为，甚至设备在真实世界中运行的行为或物理属性。在特定情况下，还需要创建一个具有逼真特征的角色，如果目标是展示真实存在的，如 1980 年大卫·鲍伊在短片 *Ashes to Ashes* 中穿的服装，就需要采集该物品的图像或视频，并通过使用三维映射程序将二维结构转换为三维表示。

第二步是创造真实的 AR 体验，即在软件中将物体的数字结构转换成表面多边形表示，多边形作为三维可视化模型的基本几何体，可以在 AR 应用程序中添加运动或用于表示人、生物及其他对象真实世界的表面属性特征。然而，这一步不仅需要创建一个虚拟对象，而且在使用 App 或 AR 眼镜时，必须能从不同的角度和视角观看物体。如果多边形的面数太少，会使虚拟对象看起来不真实；如果多边形面数太多，虚拟对象可能因为数据量太大而无法被正确地渲染出来。

最后一步工作是使用软件开发工具包（如苹果的 ARKit、谷歌的 ARCore 或 Vuforia）来完成 AR 功能。这些开发工具包可以帮助构建应用程序和嵌入式 AR 程序。在这个阶段，开发人员通过添加运动跟踪和深度感知等功能，以及将虚拟对象与真实环境相结合的区域学习功能，帮助智能手机的摄像头或 AR 眼镜捕捉并正确显示物体。真实对象和虚拟对象的无缝混合使 AR 场景看起来极具真实感。如果没有这些工具，显示设备就无法定位和协调所有元素，运动可能失准，物体可能发生变形。

10.4.3 主要开发环境

AR 系统开发主要是通过软件开发工具包来完成的，因此，如果是基于苹果手机的 AR 应用开发，就需要选择苹果的 ARKit。但是，对安卓来说，这个选择就稍复杂，因为安卓的碎片化（开放性），安卓手机厂商众多，AR SDK 数量也多。图 10.1 所示为主流的 AR SDK。

表 10.1 主流的 AR SDK

序　号	SDK	厂　商	特　点
1	ARCore	谷歌	安卓系统下功能较为完整
2	ARKit	苹果	iOS 系统下支撑更好
3	HUAWEI AR Engine	华为	支持骨骼、手势识别等
4	AliGenie AR	阿里	阿里开发体系
5	DuMix AR	百度	百度开发体系
6	Easy AR	视+	简单易用，缺乏高级功能

ARCore 利用不同的 API 让手机能够感知所处环境，理解真实世界并与信息进行交互。ARCore 提供以下 3 个主要功能将虚拟内容与通过手机摄像头看到的真实世界进行整合：

● 运动跟踪，让手机可以理解和跟踪它相对于真实世界的位置；
● 环境理解，让手机可以检测各类表面（如地面、咖啡桌、墙壁等水平、垂直和倾斜表面）的大小和位置；
● 光估测，让手机可以估测环境当前的光照条件。

ARCore 目前不是所有的安卓手机都支持，因为每个手机的硬件配置不一样，ARCore 需要与手机硬件厂商进行适配调校，所以目前只有部分机型支持。

ARKit 是苹果在 2017 年 WWDC 推出的 AR 开发平台。开发人员可以使用这套工具创建 AR 应用程序，支持设备之间分享同样的虚拟物品。

2018 年 6 月 5 日，苹果发布了 iOS 12，iOS 12 新增了很多与 AR 相关的如下功能。

- AR 测量工具。可使用手机在 AR 场景下实现测量。
- AR 多人互动功能。现场演示利用 AR 玩乐高游戏的场景，除了积木本身，还能探索乐高积木世界中的故事，甚至乐高小人都是动态的。
- 将 AR 功能应用在很多场景中，如新闻应用，可以在网页中实现图像的 AR 显示。

在功能方面，各个 SDK 可能会有一些差异，但是对 AR 基础的环境理解、运动跟踪和光照都是支持的。

10.4.4　Unity 3D 与 AR Foundation

Unity 构建了一个 AR 开发平台——AR Foundation，这个平台架构于 ARKit 和 ARCore 之上，其目的就是利用 Unity 的跨平台能力构建一种与平台无关的 AR 开发环境，换句话说，AR Foundation 对 ARKit 与 ARCore 进行了再次封装，并按照用户的发布平台自动选择适合的底层 SDK 版本。

如图 10.11 所示，AR Foundation 的目标并不局限于 ARKit 与 ARCore，它的目标是建成一个统一、开放的 AR 开发平台，因此，AR Foundation 极有可能在后续发展中纳入其他 AR SDK，进一步丰富 AR 开发环境。在进一步的发展中，AR Foundation 不仅支持移动端 AR 设备，还支持穿戴式 AR 设备。

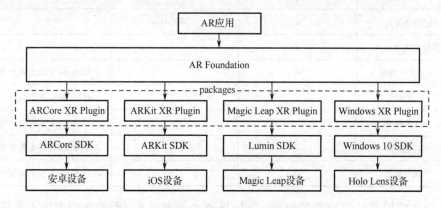

图 10.11　AR Foundation 与 AR SDK 的关系图

AR Foundation 与 ARCore、ARKit 都正处于快速发展中。ARCore 基本保持每两个月进行一次更新的频率，ARKit 也已经迭代到了 ARKit 3.0，作为 ARKit

与 ARCore 上层的 AR Foundaion 也在不断更新。如表 10.2 所示，AR Foundation 基本包含了 AR 系统开发的大部分功能。

表 10.2　AR Foundation、ARCore 和 ARKit 的对比

支 持 功 能	AR Foundation	ARCore	ARKit
垂直平面检测	√	√	√
水平平面检测	√	√	√
特征点检测	√	√ + 支持特征点姿态	√
光照估计	√	√ + Color Correction	√ + Color Temperature
射线测试	√	√	√
图像跟踪	√	√	√
3D 物体检测与跟踪	√	-	√
环境光探头	√		√
世界地图			√
人脸跟踪	√	√	√（iPhone X 及更高型号）
云锚点	√	√	-
远程调试	开发中	√- Instant Preview	√ – ARKit Remote
模拟器	√	–	
LWRP 支持	√	开发中	开发中
摄像机图像 API	√	√	–
人体动作捕捉	√	–	√（iPhone X 及更高型号）
人形遮挡	√		√（iPhone X 及更高型号）
多人脸检测	√		√（iPhone X 及更高型号）
多人协作	√	–	√（iPhone X 及更高型号）
多图像识别	√	√	√（iPhone X 及更高型号）

　　AR 应用是计算密集型应用，对计算硬件要求较高，即使在应用中不渲染虚拟对象，AR 系统开发也在对环境、特征点跟踪进行实时计算。由于移动端硬件设备条件限制，一些高级 AR 应用只有在最新的处理器（包括 CPU 和 GPU）上才能运行。同时，得益于苹果强大的独立生态与软硬件整合能力，ARKit3 推出

了很多新功能，但由于安卓碎片化严重，预计 ARCore 要等到新版安卓发布后才能提供类似的功能。

10.5　增强现实与可穿戴计算

AR 是一个新兴技术，是人机交互发展的前沿。它与 IT 领域的其他几个新兴技术互相影响和推动，特别是普适计算和可穿戴计算。普适计算是信息技术在日常生活中的一种整合趋势。智能手机、数码摄像机、GPS 导航、车载电脑系统、RFID 标签和类似设备等已经相当普遍，甚至智能恒温器、烟雾报警器和自动吸尘器等产品也已经可以作为消费品。智能设备在人类日常生活中越来越多，物联网、智能家居等都是未来的发展趋势。

可穿戴计算用来描述携带在用户身上或附着在衣物上的 IT 设备。市场上已经有了这类设备的应用，包括各种智能手表如 Pebble、三星 Galaxy gear、苹果 iWatch，以及活动跟踪器如 UP by Jawbone，记录用户的体力活动、步数、卡路里消耗。谷歌眼镜就是 AR 与普适计算、可穿戴计算融合的一个实例。

目前可穿戴设备并没有严谨、统一的定义，可以从穿戴式计算机的解释上引申出其定义。实际上，从产品形态的角度看，可穿戴设备和穿戴式计算机之间可以看成集合和子集的关系，可穿戴设备的形态有很多种，可以是手表、眼镜，也可以是计算机。

维基百科对穿戴式计算机解释为可穿戴于身上外出进行活动的微型电子设备，其由轻巧的装置构成，像 HMD 一样，使计算机更具便携性。

设备需要满足于佩戴（与传统配饰相融合）的形态、具备独立的计算能力及拥有专用的应用程序和功能，才能够划至可穿戴设备行列，三者缺一不可。而市面上还有很多形似的产品，但最终由于计算能力或其他方面的问题而无法被定义为可穿戴设备，如索尼 Smart Watch。

如图 10.12 所示，2006 年 3 月，Eurotech 公司曾推出过一款型号为 Zypad WL 1000 的手腕式电阻触屏计算机，在业界引起了一阵轰动。用户可以根据需要选择预装 Linux 或 Windows CE 操作系统，配备 3.5 英寸 240×320 像素分辨率显示屏，内置 GPS，支持 802.11b/g 无线网络，除触控外，用户还可以利用机身按键进行操作。据介绍，Zypad WL 1000 主要用于搜救、卫生、医疗、安全、维修、交通、军事等领域。

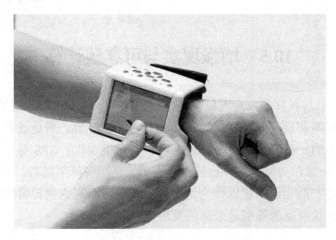

图 10.12 Zypad WL 1000 手腕式电阻触屏计算机

如图 10.13 所示，2012 年，设计师 Bryan Cera 设计了一款名为 Glove One 的手套形态电话，可直接安装 SIM 卡使用，一度被定义为可穿戴设备形态的一种。但如果严格地按照前面的定义，由于其不具备丰富的应用功能，Glove One 仅仅只是对手机进行穿戴式改造，看起来很酷，但除基础的通话功能外，并没有其他应用和功能特征，其人机交互方式甚至采用传统的按键，因此它并不完全属于严格意义上的可穿戴设备。

图 10.13 Glove One 手套形态电话

在 PC 互联网逐步向移动互联网过渡的过程中，平台性产品的出现为可穿戴设备提供了更利于发展的"土壤"和更大的发展前景，尤其是移动操作平台生态的趋于成熟和开发群体的庞大，可穿戴设备的可玩性和新玩法不断地被发掘。

如图 10.14 所示，2013 年 8 月，Second Sight 公司推出了一款名为 Argus 的眼镜形态医疗产品，被媒体称之为视障人士"外置的眼睛"。Argus 可以帮助用户识别物体的黑白边缘和对照点，通过植入在用户视网膜上的微型电极向用户反馈捕获到的环境数据，并将对应的数据转化为视觉向导，解决视障人士基本的生活自理问题。

图 10.14 Argus 眼镜形态医疗产品

对可穿戴设备整合最典型的代表就是被称为 Exoskeleton 的机械化服装，如图 10.15 所示。目前已经有众多研究机构参与了这种类型产品的研发，但其主要还是用于军事及特种作业领域。

普适计算、可穿戴计算的高速发展及其与 AR 技术的融合为 VR 技术和相关系统的开发提供无穷的想象空间，也必然带来更广泛的变革和创新。作为一门新兴的技术，VR/AR 系统的开发还在高速的发展和进化中，谁也无法明确预知未来的 VR 系统将会怎样。

VR 让我们重新思考关于感知的基本假设，思考我们体验人、地和物的方式。我们相信扩展现实将会创造一个美好的未来，扩展现实带来的结果也必将是多元的。正如计算机和其他数字系统改变了我们的世界，AR、VR 和混合现实也将迎来一个全新的世界，从根本上改变我们所处的环境。戴上 AR 眼镜或 HMD，戴上触觉手套，系好安全带，准备走进扩展现实的旅程，这将是一次疯狂而精彩的旅程。

图 10.15　Exoskeleton 机械化服装

附录 A 相关词汇

1. Application Programming Interface（API）应用程序接口

API 是一些预先定义的函数，或软件系统不同组成部分衔接的约定；用来提供应用程序与开发人员基于某软件或硬件得以访问的一组例程，而又无须访问源码，或理解内部工作机制的细节。

2. AR Glasses 增强现实眼镜

增强现实是一种将虚拟信息与真实世界巧妙融合的技术。增强现实眼镜以眼镜或护目镜的形式出现，作为人和设备之间的数字接口，通过视频、音频和其他形式的数字数据来扩充物理世界。

3. Artificial Intelligence（AI）人工智能

人工智能是研究、开发用于模拟、延伸和扩展人的智能的理论、方法、技术及应用系统的一门新的技术科学。

4. Aspect Ratio 高宽比

高宽比描述的是画面出现在屏幕上的样子，即在虚拟现实或混合现实环境中观看图像的屏幕比例。如果设置不当，图像将出现失真。

5. Augmented Reality 增强现实

增强现实是一种实时地计算摄像机影像的位置及角度并加上相应虚拟图像的技术，是一种将真实世界信息和虚拟世界信息无缝集成的新技术，其目标是在屏幕上把虚拟世界嵌套在真实世界中并进行互动。

6. Avatar 化身

化身是指虚拟世界对真实世界中的物体或人的电子或数字表示。

7.（Cave Automatic Virtual Environment，CAVE）洞穴式自动虚拟环境

CAVE 系统是一种沉浸式虚拟现实显示系统，其原理比较复杂。它以计算机图形学为基础，把高分辨率的立体投影显示技术、多通道视景同步技术、音响技术、传感器技术等完美地融合在一起，从而产生一个被三维投影画面包围的供多人使用的完全沉浸式的虚拟环境。通常依赖于佩戴 HMD 和控制器的用户与虚拟元素进行交互。

8. Central Processing Unit（CPU）中央处理器

中央处理器作为计算机系统的运算和控制核心，是信息处理、程序运行的最终执行单元。CPU 自产生以来，在逻辑结构、运行效率及功能外延上取得了巨大进展。

9. Data Glove 数字手套

数据手套是包括触觉反馈和力反馈的一种手套设备，使用传感器连接到虚拟现实系统，用于收集控制虚拟空间的手部动作和手势。

10. Dynamic Rest Frame 动态静止框架

动态静止框架是一种动态调整视觉输出以满足虚拟现实体验要求的技术，有助于减少头晕、恶心和迷失方向等使用虚拟现实系统用户容易出现的感受。

11. Exoskeleton 外骨骼

外骨骼是一种由钢铁的框架构成且可让人穿上的坚硬覆盖物，在虚拟现实中是指提供触觉刺激或感觉的一种衣服，可以产生运动或肢体力量的错觉。

12. Extended Reality（XR）扩展现实

扩展现实是指通过计算机技术和可穿戴设备产生的一个真实与虚拟组合

的、可人机交互的环境。扩展现实包括增强现实（AR）、虚拟现实（VR）、混合现实（MR）等多种形式。

13. Eye Tracking 视线追踪

视线追踪是指追踪眼睛的运动。准确来讲，视线追踪就是通过图像处理技术定位瞳孔位置，获取瞳孔中心坐标，并通过某种方法计算人的注视点，让计算机知道人正在看什么。

14. Field of View（FOV）视场

视场是指虚拟现实、增强现实或混合现实环境中的视野。视场是用度数测量的，度数越大，场景就越逼真。

15. Graphical Processing Unit（GPU）图形处理器

图形处理器是一种专门在个人计算机、工作站、游戏机和一些移动设备（如平板电脑、智能手机等）上进行图像和图形相关计算工作的微处理器。

16. Haptics 触觉反馈

触觉反馈是刺激触觉和力觉的技术，可以在虚拟现实中创造更真实的体验，通过控制器、手套和全身套装（包括外骨骼）来实现。

17. Head-Mounted Display（HMD）头戴式显示器

头戴式显示器是虚拟现实应用中的三维图形显示与观察设备，可单独与主机相连，用于接收来自主机的三维图形信号。使用方式为头戴，辅以 3 个自由度的空间跟踪定位器，可以进行虚拟现实输出效果观察，同时使用者可进行空间上的自由移动。

18. Head Tracking 头部跟踪

头部跟踪是通过测量用户头部运动来动态适应和调整视觉显示的技术。

19．Heads-Up Display（HUD）抬头显示器

抬头显示器是一个使用增强现实技术在屏幕上生成数据的投影系统，可以减少或避免用户将视线从主要视点移开的情况。

20．Holodeck 全息甲板

全息甲板是虚拟世界的基本框架的物理空间，源于热门电影《星际迷航》，通常由裸露的墙壁、地板和天花板组成，通过头戴式显示器由虚拟现实改造空间，从而看到完全不同的环境内容。

21．Holography 全息

全息是指投射到虚拟世界的物体的三维摄影图像。

22．Immersive Virtual Reality 沉浸式虚拟现实

沉浸式虚拟现实是完全脱离真实世界的人工虚拟环境。

23．Latency 延迟

视觉或听觉输出的延迟会导致应用程序或真实世界中的信号不匹配。

24．Light-Emitting Diode（LED）发光二极管

发光二极管是一种使用双引线半导体作为光源的设备。发光二极管显示器是虚拟现实系统中常用的显示器。

25．Mixed Reality（MR）混合现实

混合现实将真实世界和虚拟世界混合在一起来产生新的可视化环境，环境中同时包含物理实体与虚拟信息，并且它们必须是"实时的"。

26．Mixed-Reality Continuum 混合现实连续体

混合现实连续体是由虚拟现实、增强现实和物理现实相结合而产生的一系

列环境。

27．Omnidirectional Treadmill 全方位跑步机

全方位跑步机是一种机械装置，类似于传统的单向跑步机，但允许 360°
运动。在虚拟现实空间中，全方位跑步机允许使用者四处行走漫游，从而创造
出更真实的虚拟环境。

28．Organic Light-Emitting Diode（OLED）有机发光半导体

有机发光半导体是一种电流型的有机发光器件，载流子的注入和复合会导
致发光，发光强度与注入的电流成正比，通常用于电视、计算机显示器、手机
和虚拟现实系统。

29．Polygons 多边形

多边形是指在增强现实和虚拟现实中显示的数据的可视化表示。多边形的
边数越多，三维表示效果越好，虚拟现实空间的真实感或沉浸感越强。

30．Proprioception 本体感觉

本体感觉是人体利用感官输入来定向的能力，即肌、腱、关节等运动器官
本身在不同状态（运动或静止）时产生的感觉（如人在闭眼时能感知身体各部
分的位置）。因位置较深，又称深部感觉。

31．Refresh Rate 刷新率

刷新率是指更新或刷新图像的频率。

32．Simultaneous Localization and Mapping（SLAM）同步定位与地图构建

同步定位与地图构建是一种机器人映射方法。机器人从未知环境的未知地
点出发，在运动过程中通过重复观测到的地图特征（如墙角、柱子等）定位自
身位置和姿态，再根据自身位置增量式地构建地图，从而达到同步定位和地图
构建的目的。有助于定位和渲染虚拟环境。

33．Six Degrees of Freedom（6DOF）六自由度

物体在空间具有 6 个自由度，即沿 x、y、z 三个直角坐标轴方向的移动自由度和绕这 3 个坐标轴的转动自由度。在虚拟现实中，一个具有六自由度的装置可以前后、上下、左右旋转并移动。

34．True Depth 真实深度

真实深度是苹果开发的一种技术，利用红外技术测量和表示三维物体。用于认证及生成增强现实元素。

35．Unity 3D

Unity 3D 是一个用于构建虚拟环境的流行平台和 API 库。

36．User Interface（UI）用户界面

用户界面是计算机设备和人之间的交互点，提供交互所需的输入和输出。

37．Virtual Reality（VR）虚拟现实

虚拟现实是指利用设备模拟产生一个虚拟世界，提供用户关于视觉、听觉等感觉的模拟，有十足的"沉浸感"与"临场感"。

38．Cinematic Reality（CR）影像现实

影像现实是指虚拟场景与电影特效一样逼真。这是谷歌投资的 MagicLeap 提出的概念，主要为了强调与虚拟现实/增强现实技术的不同。但实际上，它们的理念是相似的，都是模糊真实世界与虚拟世界的边界，所完成的任务、所应用的场景、所提供的内容与混合现实的产品是相似的。

参考文献

1. 陈超良. 刍议 VR 虚拟现实技术[J]. 电子技术与软件工程，2016，（16）：16-17.

2. 张力刚. 浅析虚拟现实技术在现代展示艺术中的应用[J]. 黑龙江纺织，2017，（02）：31-34.

3. Samuel Greengard. Virtual Reality [M]. Cambridge: The MIT Press, 2019.

4. 周忠，周颐，肖江剑. 虚拟现实增强技术综述[J]. 中国科学：信息科学，2015，45（02）：157-180.

5. 刘德建，刘晓琳，张琰，等. 虚拟现实技术教育应用的潜力、进展与挑战[J]. 开放教育研究，2016，22（04）：25-31.

6. 赵沁平，周彬，李甲，等. 虚拟现实技术研究进展[J]. 科技导报，2016，34（14）：71-75.

7. 杨江涛. 虚拟现实技术的国内外研究现状与发展[J]. 信息通信，2015（01）：138.